中等职业教育规划教材
中等职业学校职业道德与法律课程配套教材

职业道德与法律导向单

王伟伟 王福苹 主编

人民邮电出版社
北京

图书在版编目（CIP）数据

中职生职业素养提升与训练 / 王伟伟，王福苹主编
. -- 北京 ： 人民邮电出版社，2014.5（2017.3重印）
中等职业教育规划教材
ISBN 978-7-115-34810-4

Ⅰ. ①中… Ⅱ. ①王… ②王… Ⅲ. ①职业道德－中等专业学校－教材 Ⅳ. ①B822.9

中国版本图书馆CIP数据核字(2014)第046154号

内 容 提 要

本书共分5个单元，包括习礼仪，讲文明；知荣辱，有道德；弘扬法治精神，当好国家公民；自觉依法律己，避免违法犯罪；依法从事民事经济活动，维护公平正义。本书旨在帮助同学们进一步了解现代企业文化和职业道德的基本知识，懂得如何融入企业文化氛围，如何提高职业道德素养，为尽最大限度发挥自己的才能创造重要条件，进而使自己真正由一名学生转变成为一名“企业人”，从而实现顺利就业。

本书适合作为中等职业学校职业道德等相关课程的教材，也可供自行阅读参考。

◆ 主　　审　杨　坤
主　　编　王伟伟　王福平
副 主 编　王福蓉　周宗勤
责任编辑　王亚娜
执行编辑　肖　稳
责任印制　张佳莹

◆ 人民邮电出版社出版发行　　北京市丰台区成寿寺路11号
邮编　100164　　电子邮件　315@ptpress.com.cn
网址　http://www.ptpress.com.cn
固安县铭成印刷有限公司印刷

◆ 开本：787×1092　1/16
印张：8.25　　　　2014年5月第1版
字数：201千字　　　2017年3月河北第3次印刷

定价：19.80元

读者服务热线：(010)81055410　印装质量热线：(010)81055316
反盗版热线：(010)81055315

中职生职业素养提升与训练
编委会

主　　编：王伟伟　王福苹

副 主 编：王福蓉　周宗勤

编　　委：孙　平　付海妮　姜美艳　万淑峰　李建传　陈正焕

主　　审：盛瑞波　杨　坤

教师寄语

《职业道德与法律导向单》是根据中华人民共和国教育部颁布的《职业道德与法律教学大纲》和人民教育出版社出版的《职业道德与法律》教材编写而成的，它是中等职业学校《职业道德与法律》课程的配套教材。在编写过程中，编者始终坚持以中职生的成长为逻辑线索，以现代企业用人需求为导向，以提升学生综合素质和职业能力为重点，紧密结合中职学生特点，融合企业文化，旨在为企业培养高素质的劳动者。

《职业道德与法律导向单》这本教材，共有 12 个话题，每个话题合理设计了 9 大模块，每个模块按照知、情、信、意、行进行有序化处理，从感性到理性，从理性到实践，循序渐进，层层深入。

“素质目标”模块，概述每个话题的核心内容和要达到的学习目标，为学生提供预习的重点和方向。“情景剧场”和“评论交流”模块，从社会上的典型道德人物事迹和法制案例（如感动中国人物、全国道德模范、感动青岛人物、道德与法制、法律讲堂、大家看法、法律在线等）到校园榜样、优秀毕业生风采、企业掠影等富有时代感和教育性强的身边典型案例，让学生了解职业道德、法律和现代企业文化的基本知识，懂得如何融入企业文化氛围，感悟提升职业道德素养的途径。

所谓“不深思则不能造其学”，有了思考才会有新的发现，才会有理性的升华。中职学生比较浮躁，易于冲动，“思考导航”模块，为学生创设思索空间，让学生学会思考、学会梳理情感、学会感悟人生。

让学生主动地反省自己，内在积极向上的潜能才会全方位地激发出来。“自我反思”和“成长目标”模块，本着“主动性、创造性”的原则，帮助学生自主地查找自身不足之处，从而树立明确的行动目标。

陆游说：“纸上得来终觉浅，绝知此事要躬行。”可见，书本知识要在实践中夯实和进一步升华，做到知行统一，才能变成真才实学。“实践体验”“素质评价”“规划未来”三个模块，根据话题内容，从学校入手推及企业和社会，引导学生参与多种实践体验活动，在实践中有效地进行自我教育、恰当地评价自我、不断地修正前进方向，从而巩固和提升职业素养。

《职业道德与法律导向单》教材的合理编排，将会实现理论与实践的有机融合，让课堂形成一个情感熏陶、同伴交流、校内实践、校外体验的德育循环，切实实现德育环境的最大优化，为中职学生尽最大限度发挥自己的才能创造重要条件，进而使他们真正由一名学生转变成为一名“企业人”，为实现顺利就业做好充分的准备。

目录

Contents

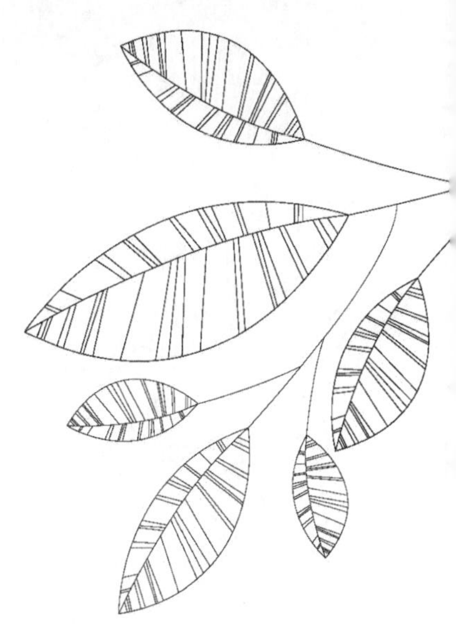

第1单元

习礼仪，讲文明

“礼仪之始，在于正容体，齐颜色，顺辞令。”(《礼记》)。礼仪是从端正容貌和服饰开始的。接触一个人，给我们直接而敏感的第一印象是其个人礼仪；我们给他人的印象、我们的魅力，在很大程度上通过个人礼仪展示出来。个人礼仪是仪容仪表、言谈举止、待人接物等方面的个体规定，它受人们的道德品质、文化素养、教养良知的制约，是我们精神面貌、内在品质、风度魅力的外在表现。

良好的个人礼仪是一封世界通行的介绍信，是一种无形资本，影响着一个人的终身发展。对于职业学校的学生来说，要想在市场经济大潮中有所作为，立于不败之地，个人形象和品德将起到非常重要的作用。因此，我们必须学习礼仪，塑造自己的良好形象，展示我们的职业风采。在学习礼仪的过程中，我们要涵养道德，逐步提升道德境界，进而增强公民意识、法制意识，成为懂礼、有德、守法、高尚的人。

通过本单元的学习，我们将了解个人礼仪、交往礼仪、职业礼仪的基本要求；注重提高礼仪素养，自觉践行礼仪规范。让我们的一生——因礼仪而高雅，因文明而美丽！

第1课

塑造良好形象

Chapter 1

素质目标

珍惜自己的人格和尊严需要塑造良好的形象。良好的形象能够增添我们的魅力，增加我们的亲和力，提升我们的影响力。作为中职生，我们要认识礼仪的重要意义，增强主体意识和道德意识，在生活、学习和将来的工作中，加强内在品德修养，自觉践行礼仪规范，养成讲文明的良好习惯，塑造良好的个人形象，展现自己的无穷魅力。

情景剧场

塑造个人礼仪形象

（一）爱美的肖丽

肖丽是KX科技公司的新员工，今天是她第一天报到。爱美的肖丽踌躇很久，不知该怎么打扮，最后她决定，我的美丽我做主，这才是对自己形象的重视！于是，肖丽选了一条超短裙，搭配了一件色彩鲜艳的黄色上衣，穿上一双10厘米高的高跟鞋就出门了。果然，一走进公司，肖丽的衣着就抓住了所有人的眼球，几乎所有人都忍不住瞟上两眼。她想，这回我的形象算是树立了！可没过多久，肖丽就感到不对劲，似乎每一位男同事的眼睛都只知道盯着她的大腿看，火辣辣的眼光看得她无心工作。无奈之下，肖丽拿了一份文件，逃跑似地去复印，可由于太心急，一个不小心就被高跟鞋崴了脚。在男同事的灼灼目光和女同事的纷纷议论下，她疼得眼泪在眼眶里打转，羞得无法见人。肖丽的穿着为什么会遭到尴尬和指责？难道穿衣打扮不能有自己的风格吗？

肖丽的错误穿着在于：亮色衣服不适合工作环境；高跟鞋影响自己工作。肖丽的穿着可以说处处是败笔，这样的穿着遭遇尴尬，带来困扰，当然是在所难免的。合理穿衣并穿出品位，这是我们塑造个人礼仪形象的第一步，也是很重要的一步。俗话说，人要衣装，佛要金装，就是这个道理。要穿出品味，就必须符合穿衣打扮的几项基本原则：

第一，着装仪表必须结合具体情况。要结合本人的个性、体态特征、职位、职业、办公环境等。

第二，要善于搭配自己的服饰。衣服不在于价格高低，简单的衣服也能够穿出品位，关键就在于画龙点睛的搭配艺术，要学会怎样搭配衣服、鞋子、发型、首饰、化妆，使之完美和谐。

第三，通过穿衣打扮来突显自己的职场风格。职业形象是我们最重要的形象塑造环节，过度打扮会让人感到做作，过于简单会让人感到随便。

（二）穿着体面的李刚

李刚在KX快销品公司做了多年的销售。一直以来，他都是与小商小贩打交道，凭借着自己强大的交际能力，往往能跟一些小超市、小杂货店的人员打成一片，销售业绩逐年增长，李刚已成为了明星销售员。随着公司向大型的连锁超市市场进军，李刚肩上的担子更重了。一次，公司又将一个国际大客户的单子交给了李刚。由于这些大客户都相当重视礼仪和形象，李刚做足了功课，花血本买了一套大品牌的行头。一身西装革履的李刚，与之前的形象截然不同。得体的服装让李刚深受客户青睐，放开了的李刚仿佛一下子就进入了状态，与客户海阔天空地聊了起来，一口一个“哥们”地称呼着，觉得国际大客户和小商小贩没什么不同，都很好相处。于是，李刚口沫横飞，聊着荤段子，与客户勾肩搭背，殊不知此时客户在心里已给李刚画上了一个大大的叉。

穿着体面的李刚为何仍会丢掉机会？李刚的形象问题究竟出在哪里？着装得体的李刚为什么不受客户喜欢呢？其实，李刚对塑造标准形象的认识太过肤浅片面，觉得自己只要把外表形象做好了，就符合形象要求了，从而忽视了对内在形象的修炼。因为工作原因，李刚一直没有重视内在形象，没有从气质修养、一举一动来塑造自己的内部标准礼仪形象。案例中，李刚与大客户称兄道弟、粗言秽语，这都是内在形象没有修炼的集中体现。而对于一个形象素质要求极高的大客户而言，内在形象的缺失极易引发客户对公司整体形象的不认同，这才有了这次失败。这个案例告诉我们，个人礼仪形象应该是由内而外进行修炼的，不是做做表面文章就可以的，气质修养是从内而外，再从外而内的，两者高度结合，才是礼仪形象塑造的重点。否则，即使你打扮得再时尚、长得再英俊漂亮，如果没有气质修养，到头来一样落得个金玉其外、败絮其中的评语。

（三）豪爽的王刚

KX 节能公司销售经理王刚性格豪爽，酒量惊人，也结交了不少好友和职业伙伴，非常受上司的赏识。这不，顶头上司张伟又带着他去接待台湾省来的客户了。这可是重要的客户，王刚联系了当地最豪华、生意红火的酒店，并决定一定要陪客户喝得尽兴。但由于酒店生意太好，王刚没有订到单间，只好带着客户坐到了大厅里。期间，大厅喧哗无比，眼看着客人的表情不太自然，张伟使了个眼色，王刚赶紧开始敬酒："贵客到来，我先干为敬。"豪爽的王刚边喝边劝客户，左一杯、右一杯，灌得客户迷迷糊糊的，而王刚自己也醉倒了，连客户怎么走的都不知道。迷糊中，王刚只听到张伟的咆哮："你把客人灌跑了，都不去送送，客人说我们很没礼貌！"

请客吃饭、喝酒不都讲究一个尽兴吗？王刚做错了什么？难道这样的宴请礼仪并不正确？实际上，吃饭、喝酒讲究尽兴，但这不是商务宴请的全部内涵。案例中，客人的不满实际上都是因为王刚没有严格按照商务礼仪宴请的标准来处理宴请事宜，只是主观地认为，吃好了、喝好了，就是招待好了，他既没有考虑洽谈事宜应有的宴请环境，而安排在嘈杂的大厅宴请，也没有考虑对方的身体情况和风俗习惯，一味地敬酒，不考虑对方能不能喝、愿不愿意喝。王刚既忽视了宴请前的礼仪准备，在宴请过程中，又没有做到礼仪规范，而在宴请结束后，竟然连送客的礼仪都没做到位，这样的一场宴请，可想而知，不是闹剧，就是悲剧。

看完情景剧场《塑造个人礼仪形象》后，你是否有很多的收获？请结合你的感受，回答下列问题。

1. 肖丽的着装合适吗？有什么不妥之处？

____

____

____

____

2. 穿着体面的李刚为什么还会丢掉机会？李刚的形象问题究竟出在哪里？

3. 请客吃饭时，王刚做错了什么？

4. 简要说一说什么是个人礼仪？

5. 人生在世，总有许多朋友，俗话说得好："朋友多了路好走。"每个人都有自己的朋友圈，从小到大你与朋友交往中肯定发生过许多有趣的事情或者是难忘的事情。请你谈一谈你与朋友交往的方式是怎样的？这些方式在朋友交往中要注意哪些问题？

6. 请你通过具体的事件阐述一下：在你与朋友的交往中遵守礼仪起到的重要作用，并对朋友间的交往谈一谈自己的感悟。

评论交流

中职生了解礼仪知识，掌握交往技巧，积累交往经验，提高礼仪素养，不仅可以提高个人内在的文化修养、道德品质和思想境界，而且有利于培养优雅的气质和优美的仪表风度，有利于提高人际交往能力，同时对塑造中职学生具备未来企业工作人员良好职业形象都是极为有益的。为了外塑形象，内增素质，请同学们结合“情景剧场”的案例认真交流并评论以下问题。

1. 个人仪容仪表的要求是：

2. 合乎礼仪规范的站姿、坐姿、行姿、蹲姿的要求是：

____

____

3. 提高个人礼仪形象在言谈举止方面要做到：______________________________

____

____

____

____

4. 交往礼仪的核心要求是：______________________________________

____

____

5. 电话礼仪要做到：____

____

____

____

____

6. 网络礼仪要做到：____

____

____

____

____

自我反思

莎士比亚说："一个人的穿着打扮就是他教养、品位、地位的最真实的写照。"在生活和学习中，在礼仪规范的讲究与遵守方面，你做得好吗？以下是《人际交往能力小测试》，请你认真地思考以下问题，测测自己的人际交往能力吧！

1. 当同学向我请教问题时，我会告诉他该怎么做。
2. 我不喜欢说话，有时宁愿用手势，也不用语言。
3. 我很难与观点不同的人交流情感。
4. 同学们不喜欢与我一起学习和活动。

5. 同学们不喜欢在我面前讨论各种问题。

6. 父母总是对我管束严厉，动辄训斥。

7. 放学后我不愿意回家而喜欢在外面玩。

8. 我对爸爸妈妈的谈话十分反感。

9. 我对爸妈的斗嘴、吵架感到无所谓。

10. 爸妈从不过问我的任何事。

11. 老师对我特别挑剔，专爱跟我过不去。

12. 老师在课堂上几乎从来没有看过我一眼。

13. 遇到困难时，很少有同学来关心我。

14. 老师家访时经常向爸妈讲我的坏话。

15. 和别人发生争执时，能克制。

请选择答案：A. 是　　B. 不一定　　C. 不是

计分规则：

选 A 计 1 分，选 B 计 2 分，选 C 计 3 分，将各题得分相加，统计总分。

得分说明：40 分以上，说明你乐于与人交往，人际互动良好。

20～40 分，说明你与人交往的意愿与能力不是很突出。

20 分以下，说明你与人交往的意愿与能力偏弱。

通过以上测试，你认为你有哪些值得肯定的表现，同时还有哪些不足之处？请将你的回答写在下面。

1. 优秀的表现是：____

____

____

____

____

____

2. 不足之处有：____

____

____

____

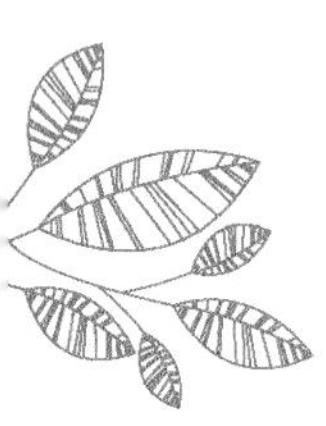

成长目标

提升自身的礼仪素养，从现在起，我还需要在以下几方面努力改进：

教师寄语：

“不学礼，无以立。”为不断提高自身的礼仪素养，塑造良好的自我形象，请你从自身做起，把学到的礼仪知识积极落实到实践中，加强自我形象训练，并将训练的过程拍下照片或录下视频，相信你会有惊喜的变化和很大的进步！

1. 以小组为单位组织组员学习《中学生守则》《中学生日常行为规范》《校园礼仪》等方面的知识，积极开展相关的主题活动。例如，看一部反映文明礼仪的专题教育片，出一期专题手抄报，召开一次主题交流会，做一件讲文明讲礼貌的实事，进行一次义务劳动，进行一次班内文明礼仪的劝导（仪表、胸卡等）等丰富多彩的课内外教育活动，提升同学们的礼仪素养。每位同学把活动过程和活动感受详细的记录下来。

（1）我们组织的活动内容是：________________

（2）活动的过程是：________________

____

____

____

____

____

____

____

____

（3）通过活动我的感受是：________________

____

____

____

____

2. “问候短信”创作：

（1）内容：根据交往礼仪的内容，以父母长辈、老师同学、亲戚朋友等为问候对象，进行优秀问候短信创作。

（2）作品要求：每条问候短信不超过 50 个汉字（含标点符号），语言生动、文字精练、富有创意，体现传统美德和礼仪知识，朗朗上口，并由本人原创。

____

____

____

____

____

____

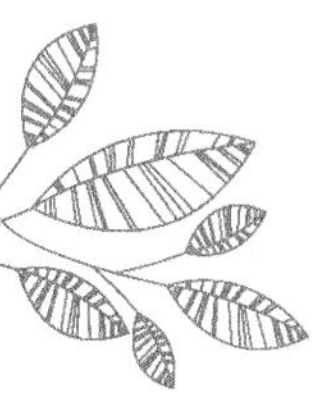

素质评价

通过礼仪知识的学习，完成关于提升礼仪素养的自评与他评表。

礼仪素养目标	自评			家长评			老师评		
	O	S	L	O	S	L	O	S	L
1．仪容：整洁、卫生、美观									
2．仪表：着装得体、美观、整洁，适合自己									
3．形体姿态：坐出优雅，站出精神，走出风采，摆出风度，靓出美丽。面带微笑，目光温和、友善									
4．语言：语言文明，发音准确，吐字清楚，语速适中，具有亲和力									
5．与人交谈：善于倾听，巧于提问，不卑不亢									
6．待客做客：热情待客，主随客便；礼貌做客，客随主便									

填写说明：（1）O、S、L 分别是 On（很好）、Short（良好）、Long（稍差）的缩写，是品德养成结果主观测评的一种简便标记符号。（2）总分=O 的个数×3+S 的个数×2+L 的个数×1。

规划未来

通过自我反思，并了解了家长和老师的评价后，我今后的努力方向是：

第2课

展示职业风采

Chapter 2

素质目标

日常生活要守礼仪，职业活动更需讲礼仪，讲究职业礼仪能够推动我们走向成功。作为未来的劳动者，我们要了解基本的职业礼仪要求，理解职业礼仪蕴涵的道德意义，提高遵守职业礼仪的自觉性，自觉践行职业礼仪规范，在将来的工作岗位上展示职业风采，实现自己的人生价值。

情景剧场

求职面试

情景一：某公司招聘职员，前来应聘者络绎不绝，以下是截取的3个镜头。

镜头一：1号男应聘

1号男：美女，我是李斌，我是来面试的。

工作人员：先生，你好，我们的面试在半个小时后才开始，请稍等。

1号男：那我……

女：你先坐在这里吧。

1号男：哦，好好好。

（半个小时后）

工作人员：先生你好，你现在可以进去面试了。

1号男：哦……

面试官男：先做一下自我介绍好吗？

1号男：嗯，我叫李斌，今年24岁。

面试官女：等一下，这些简历上都有，请你说点别的吧。

1号男：哎呀，怎么说嘛，我的优点就像天上的繁星数也数不清，然后我的智慧更像是用也用不尽。如果贵公司能给我一个机会的话，我相信我就算不能像阳光一样普照着大地，也会像月亮一样洒满整个星空。

面试官男：请回到你的座位上去。请问一下，你为什么要选择我们这个职位呢？

……

面试官女：好好好，你今天的面试就到这里吧，我们认为你比较适合从事保险业或售货员这样的工作，你能考虑其他公司吗？

1号男：我还有一个详细的计划还没有说啊！面试官！

面试官男：下一位吧！

1号男：坑爹啊！我可是名牌大学毕业的啊！

镜头二：2号男应聘

工作人员：先生，里面请！

面试官：不要紧张，你先介绍一下你自己吧。

2号男：好，我叫不紧张，其实我一点也不紧张，只是只是……

面试官女：你在干嘛？

2号男：没、没什么，不好意思 我想去一下洗手间。

面试官女：去吧。

……

镜头三：3号女应聘

工作人员：小姐，里面请。

面试官男：你叫什么名字？性格特点是什么呢？

3号女：我叫张美丽，我的特点，难道你还看不出来吗？

面试官女：我们还是看不出来，请你还是自己说说吧。

3号女：我那妩媚性感的外形和冰清玉洁的气质，让我无论走到了哪里，都成了众人的焦点，我这张耐看的脸，就注定了我前半生的悲剧。可是，我不甘心，我要用我的内秀，来秀出我的内在美！（手机响了）喂，打折？真的打折吗？我要先走了，拜拜！

两位面试官：唉！

情境二：某公司招聘营销人员。一位名叫王艳萍的女孩前来应聘。

王艳萍：对不起，打扰了，我找张主任。

张主任：我就是。请进！请坐！

王艳萍：你好，我是来应聘营销人员的，这是我的简历。

张主任：请坐。你学的是营销专业，呃……从资料上来看，你的各方面都符合我们公司的招聘要求，但是，我们招聘的原则是男士优先，所以我现在要把你带去见我们的总经理，希望你能用自己的优势，赢得他的认可。

王艳萍：嗯，谢谢！

经理：请进！

张主任：经理你好，这是今天来应聘的王艳萍的资料，您看一下，我个人认为她非常符合我们公司的要求，您现在是不是见见她呢？

经理：好吧，那就请她进来吧。

张主任：这是前来应聘的王艳萍，这是我们的经理。

经理：你好！

王艳萍：你好！

张主任：那你们聊，我先出去了。

经理：嗯，在前来应聘的人中你是第一个女士，你认为自己有什么优势吗？

王艳萍：男性有男性的优点，女性有做事心细的特点，本人一向做事认真负责，有计划、有组织，并不逊于男性，我相信自己可以胜任这份工作。

经理：如果你被录用，你希望薪水是多少？

王艳萍：我在乎的是这个职位的吸引力，而不是简单的薪水多少。我要从底层做起。

经理：你很有理想，如果你被录用，我们会在一周之内打电话通知你。

王艳萍：谢谢你们给我这个机会，希望我会成为贵公司的一员。

经理：好的，再见！

王艳萍：再见！

思考导航

看完情景剧场《求职面试》后，你是否有很多的感慨与感想？请结合你的内心感受，回答下列问题。

1. 你认为“情景一”中的3位求职者能通过面试吗？你能说说他们在礼仪素养方面存在的

问题吗？

2. “情景二”中前来求职的女孩王艳萍，你认为她能否通过面试？请说一说你的理由。

3. 请你总结一下求职面试礼仪的重要性。

4. 求职面试的礼仪有哪些要求？

5. 面试仅仅是迈入职场的第一步，在一个人的职业生涯中，还应该遵守哪些职场礼仪？

6. 你认为遵守职业礼仪有何作用？请简要谈一谈你对职业礼仪重要性的认识。

7. 请搜集各行各业的职业礼仪榜样，并把你认可和学习的其中一位榜样事迹以及带给你的感受书写出来，在全班同学当中进行分享。

以下是十八大代表蔡淑娟的事迹介绍，请你认真阅读，并结合自己的感悟，回答后面的问题。

全国五一巾帼标兵——蔡淑娟

“您好，欢迎光临中国银行，我是蔡淑娟，请问有什么为您服务的吗？”每天清晨，蔡淑娟都要对着镜子，反复做着这样的练习，在外人眼中，这样的举动有些不可理解，但对蔡淑娟而言，这却是每日必不可少的必修课。从1998年进入中国银行南通经济技术开发区支行工作以来，她一直在一线服务窗口工作，在这个看似平凡无奇的三尺岗位上，她却摘获了“全国五一巾帼标兵”、“全国五一劳动奖章”等诸多殊荣，这个服务奇迹是怎样创造的呢？蔡淑娟给我们讲了参加工作之初的一个故事：

“说起来很惭愧的，刚进入中国银行那会儿，因为我是作为一个实习生，上岗的第一天，我就犯了一个错误，那时候国库券兑付，需要本金和利息分开进账的，而我把两笔变成了一笔。”这次失误让蔡淑娟深受触动，她从此下定决心，要做业务技能上的尖兵。技能是提升服务的基石，有过硬的本领，还要有真诚服务的热情。2008年的一天，就出现了这样一名特殊的日本顾客，在没有预约的情况下，他想兑换大笔的日元，这超出了正常业务范围，但蔡淑娟没有简单地回绝他，而是考虑到他的特殊情况，紧急与其他营业网点进行协调，奔前跑后最终帮他解决了这个燃眉之急。事后，这位顾客这样评价蔡淑娟：“蔡淑娟的服务我非常满意，她是我在中国见到的最好的银行员工。”事后才得知，这位顾客是一家世界500强企业驻南通公司的财务主管。此后，他把公司所有的金融业务全部都放到了中国银行，因为在他看来，有蔡淑娟这样的员工，中国银行值得信赖。

2009年一个傍晚，南通市民洪建全走进了中国银行，因为开了一家小杂货铺，他总是会在兑换零钱时遇上麻烦，但这次他遇上了蔡淑娟。半小时后，当整整一袋零钱被换成了一本存折时，洪建泉听到的不是抱怨，而是一声“让您久等了”的问候。洪建泉说：“在下班之前半个小时左右过来的话，零钱多了她都要加班的，让她加班，我都觉得不好意思，但她说，只要储户来了，就应该把事情做好。”从此以后，开发区的中国银行成了洪建泉的固定存储点，尽管他每次出现，都意味着要加班，尽管他只是一个普通的小额客户，但在蔡淑娟的眼里，只要走进中国银行，他就是亲人。2010年以蔡淑娟名字命名的“蔡淑娟班组”成立了。为了带好这支队伍，她总结形成了独特的“蔡氏服务法”。每天班组的成员们，都要进行严格的训练。她把平时的一个细节、一个细心、对客户一丝不苟的服务，作为了她长期以来坚持的一个目标。团队培养了蔡淑娟，她也带出了优秀班组，两年来蔡淑娟班组多次获得国家、省、市的表彰，更是涌现出了“全国金融青年服务明星”组员。

1. 看了这个案例你有什么感悟？请将你的感悟写出来。

2. 蔡淑娟身上有哪些值得我们学习的闪光点？

3. 请你谈一谈职业礼仪与个人礼仪的关系。

4. 如何打造良好的职业形象？

自我反思

荀子说：“人无礼则不生，事无礼则不成，国家无礼则不宁。”同学们，通过本单元礼仪篇的学习，你是否更加认识到了知礼仪、讲礼仪的重要性？礼仪不仅能展现我们的形象，还能为我们将来的工作添彩助力。当然，我们不是圣贤，缺点和不足在所难免，但是，只有知不足才会有进步。那么，在文明礼仪方面，你还有哪些不足之处或需要进一步提高的方面呢？

成长目标

为了全面提升我的形象，为了我的明天更美好，我必须要提升自己的礼仪素养，从现在起，我要改正自身的不足之处，做到：

教师寄语：______

实践体验

良好的礼仪素养并非一朝一夕之功，而是靠有意识的训练和始终如一的坚持，所以你要制定一份内容完整、适合自己、切实可行的礼仪训练计划，并且一定要将计划付诸行动，像蔡淑娟那样坚持不懈，相信你肯定会有很大的进步。另外，要积极参加学校的社团活动或学校组织的其他活动，主动参加亲朋好友组织的聚会或交际活动，在活动中关注自己的言谈举止是否符合礼仪要求，并在活动之后多听取老师和同学们的意见和建议，相信你的进步会更快。

1. 我的礼仪训练计划是：______

2. 课下，我参加的活动有：

3. 通过活动，我的体会是：

素质评价

通过职业礼仪知识的学习，完成关于提升职业礼仪素养的自评与他评表。

职业礼仪素养目标	自评			师长评			同学评		
	O	S	L	O	S	L	O	S	L
1. 头发： 经常梳洗，保持整齐、清洁									
2. 发型： 女生：文雅、庄重，发不过肩，如留长发需束起或使用发髻 男生：前发不过眉，侧发不过耳，后发不触领									
3. 面容： 脸、颈及耳朵绝对干净。女性化淡妆，男性每日剃刮胡须									
4. 着装： 着职业装或工作服。要干净、平整，无污迹、破损									
5. 鞋： 鞋底、鞋侧、鞋面保持清洁，鞋面要擦亮									
6. 校徽（工牌）： 按规范佩戴									
7. 仪态： 女性优美，男性壮美									
8. 对师长（上司）： 尊重、体谅、协作，工作第一									
9. 对同学（同事）： 尊重、平等、以礼相待									

填写说明：（1）O、S、L 分别是 On（很好）、Short（良好）、Long（稍差）的缩写，是品德养成结果主观测评的一种简便标记符号。（2）总分=O 的个数×3+S 的个数×2+L 的个数×1。

规划未来

通过自我反思，并了解了老师和同学的评价后，我今后的努力方向是：

____

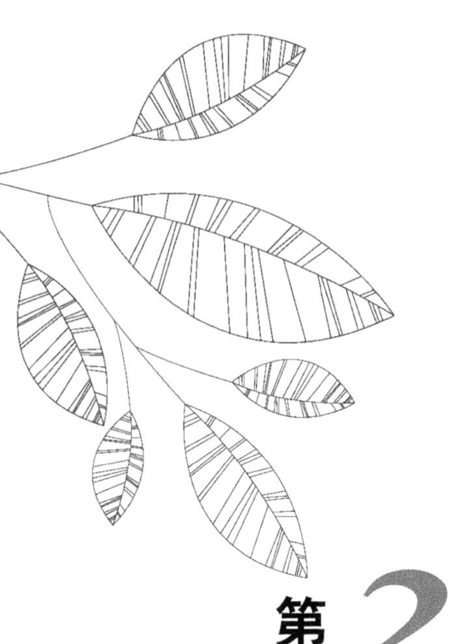

第2单元

知荣辱，有道德

同学们，中华民族作为一个有着悠久历史的民族，在千年文明史中积淀了高尚的传统美德和优秀的民族精神，作为民族文化的精髓一直都是维系我们民族荣辱与共，不断进取的精神力量，并且在社会主义革命和现代化建设中仍是支持我们民族和国家前进的动力，更是社会主义精神文明的重要内容。作为公民，中职学生应该了解公民道德基本规范，懂得道德对于完善人格、成就事业、促进社会和谐发展的意义；作为未来的职场人，中职学生更应该了解职业道德基本规范，增强爱岗敬业的精神和诚信、公道、服务、奉献等职业道德常识，逐步养成良好的职业行为习惯。因此，本单元的内容对于学生来说，具有非常重要的意义。

通过本单元的学习，我们将理解道德对于成就事业、人生幸福、社会和谐的意义，了解并认同公民基本道德规范以及社会公德、家庭美德、职业道德的基本规范，掌握道德修养的基本方法；增强以遵守道德为荣、以违背道德为耻的信念，追求高尚的道德人格；在生活和工作中身体力行，逐步养成良好的道德行为习惯。

学习本单元，必须坚持理论联系实际的学习方法，发挥学习的主动性和创造性，积极参与课堂探究活动，积极参与各种道德实践活动，在实践中刻苦磨炼自己，做到知、信、行相统一，努力养成良好的行为习惯，不断提高自身道德境界。

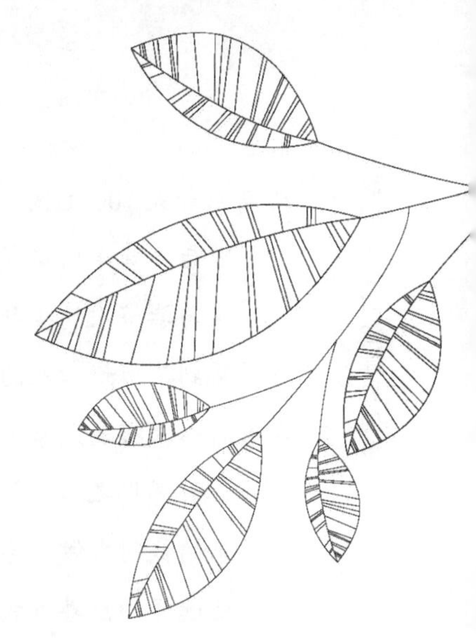

第3课

感受道德之美

Chapter 3

素质目标

道德是一种社会意识形态，是人们共同生活及其行为的准则与规范。道德往往代表着社会的正面价值取向，起着判断行为正当与否的作用。作为社会公民，我们要了解道德的特点和分类，理解公民基本道德规范，以及家庭美德、社会公德的主要内容。理解道德的作用，感受道德的力量，懂得加强个人品德修养是人生的必修课，良好的道德是人生发展、社会和谐的重要条件。

情景剧场

阿里木“十年慈善”感动中国

1971年4月出生的阿里木是新疆维吾尔自治区和静县人，20岁就离家出来“闯江湖”，到过乌鲁木齐、北京、重庆、昆明及贵州的几个地州市，但均未立足下来。

2001年夏天，阿里木来到贵州省的毕节市，经历了贫困的煎熬，靠一个素不相识的酒吧老板借给的100元钱，阿里木在这位老板开的酒吧门前摆了一个烤肉摊，每天能有二三十元钱的收入，一个星期以后，阿里木还

给酒吧老板100元钱。

随后，烤羊肉串成了阿里木的生存手段。

在与毕节人的接触中，阿里木感受到了毕节人给他带来的温暖。“我遇到困难的时候，经常得到毕节好心人的帮助。我来毕节市10年了，毕节人容纳我，把我当朋友，每年过年，都有好心人接我到家里过年。”阿里木说。

怀着感恩之心，阿里木把户口从新疆维吾尔自治区迁到贵州省毕节市，决定把卖羊肉串挣来的钱用来做慈善。

他选择的慈善方式主要是资助贫困生上学。

毕节学院的贫困学生则是阿里木长期资助的对象。

2006年，阿里木拿着烤羊肉串攒下的5000元钱，来到毕节学院学生资助中心，提出要帮助这里生活困难的学生。

看着一张张带着一股子烤羊肉串味道的毛票，院方被震动了，最终，毕节学院将这笔助学金命名为“阿里木助学金”。

从阿里木最初设立助学金到现在，毕节学院来自各方的资助金已经翻了10倍，很多人都是因为阿里木的行为而选择了无私捐助。

毕节学院的院党委副书记汤宇华说：“阿里木的助学金是全院资助金额最小的，无法与其他高达几十万的助学金相比。但他体现了一个普通劳动者的助学情结，从德育教育的角度看，资金小而意义大。”

阿里木在与毕节人打交道时，了解到大山里有很多贫困孩子，他就不辞辛劳前往资助。

大方县达溪镇的聚河村是一个不通公路的地方，他了解到那里的180多名孩子没有书包，就买上书包，翻山越岭两个多小时，把书包送到学生手中。

在村子里，当他亲眼看到一位80多岁的老人缺粮时，就把身上仅有的100多元钱捐给了这位老人。

据不完全统计，阿里木在毕节生活的10年间，卖出了30多万串羊肉串，80%的收入都用来资助贫困学生，金额达10多万元，总共资助的贫困学生达100多名。

而在自己生活方面，阿里木至今仍然租住在40平方米的旧房里，过着简单的平民生活。

阿里木的善举不仅感动着毕节人，也感动着全中国人民。

如今，在毕节地区范围内，阿里木已经是家喻户晓，他的生意也日益红火。

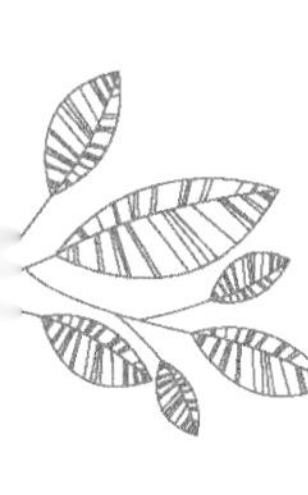

但他依然一如既往地资助着贫困学生，他所资助的毕节学院，向阿里木学习蔚然成风，学生们踊跃担任毕节城市建设的志愿者、做好事善事的标兵。

2007年，阿里木成为该年度贵州十大都市人物，并被评选为2010年贵州省道德模范。

在结束的“中国网事·感动2010”年度网络人物候选人投票中，阿里木以245 000多票的高票名列第一。

新疆维吾尔自治区党委书记张春贤也在2010年12月28日为阿里木投上郑重而庄严的一票，并通过新华网新疆频道向阿里木给予高度赞誉。

看完情景剧场《阿里木“十年慈善”感动中国》后，你是否被阿里木的事迹深深打动？请结合自己的感受回答下列问题。

1. 你认为阿里木为什么会成为感动中国的人物？

____

____

____

____

____

2. 结合阿里木的事迹，用自己的话归纳一下什么是道德？

____

____

3. 道德分为几大类？每一类道德的内容分别是什么？

____

____

____

____

____

____

____

4. 在校园里、家庭中、社会上还有哪些道德榜样？他们带给你哪些感动？这些道德榜样给周围人、给社会、给自己带来了哪些益处？

____

____

5. 请列举你在校园里、社会上看到的一些不道德的事情。这些不道德行为会给身边的人、给社会带来哪些危害？

6. 在你的成长历程中曾经有没有不文明或者不道德的行为？如果有，请一一列举出来，并思索一下今后打算怎样做一名有道德的人？

评论交流

请认真阅读案例，并结合实际谈谈你的认识或得到的教育启示，发表自己的评论。

案例一 陶晓莺：施比受更幸福

陶晓莺，杭州三替集团有限公司总经理，1992 年创办杭州三替服务公司。多年来，三替公司从一个只有十几个人、十几平方米办公场地的小公司发展成为目前拥有 1800 多人、几千余平方米的办公经营场地，并能为企事业单位和居民家庭提供 19 大类百余项服务的大型服务集团公司，成为全国家政服务业的龙头企业。

创办三替服务集团有限公司以来，陶晓莺始终坚持“标准收费、当面议价、做不好不收费”的服务准则和“回访制度”，用制度确保对客户的诚信。她坚持以人为本，善待员工，陶晓莺没有一次迟发、少发员工工资。她十分重视员工的文化教育，为员工提供各种形式的学习、培训机会。从创业之初，陶晓莺就定下一条规定：对高残人、孤寡老人、特困家庭三类对象实行免费服务。她还专门开设了一条“800”免费电话，利用公司的资源和优势，为失业人员搭建一个重新就业的平台。她的举措赢得了社会的尊重，创造了良好的社会效益。

陶晓莺常说：“施比受更加幸福。用博大的胸怀去帮助别人，为别人着想，你一定会得到幸福！”

1. 读完案例一请思考：陶晓莺是怎样对待客户、员工和社会弱势群体的？

____

____

____

____

____

2. 陶晓莺在为别人付出的同时自己收获了什么？

____

____

____

____

____

3. 是什么力量让陶晓莺感到幸福？你认为真正的幸福是什么？

案例二 不文明行为是丑陋的道德疮疤

近些年最美妈妈、最美司机、最美教师的出现，展现了我们当代社会的文明风貌，代表着我们社会整体文明程度的提升。然而社会上在一些地方出现的不文明现象，使文明再次成为社会关注的焦点。

镜头一：以下是重庆一位网友拍摄的只有17秒的手机视频对话，画面中一位黑衣女边剥鸡蛋边将蛋壳往地上扔，环卫女工边打扫边劝说，但黑衣女不仅不听劝，还故意把鸡蛋扔在地上。

“我就是要扔，你怎么样啊？”

“你让大家看看。”

“你扫嘛！”

“你好能干哟！”

旁边的人都在劝说那位女士，“你这种行为不道德，别人拿簸箕，接着你还乱扔？”

镜头二：国庆长假期间，在广州地铁四号线车厢内，因排队而引发的斗殴。

镜头三：在南京飞往哈尔滨的航班上发生了打架事件。

在人们长假出行的路上，在景区里乱扔垃圾等不文明现象，经媒体披露后，引起了社会的广泛关注和社会群众的斥责：“这件事属于那种平常生活小事，发生摩擦之后我们要互相理解一下，特别是在公共场合，一定要注意好自己的形象还有影响。”“人家在那儿打扫，你在这儿祸害，你对得起人家吗？”“国庆假期就像我们的一个放大镜一样，把我们身边的一些不文明的现象，通过在某些特定的时间，某些特定的地点集中反映出来，少数人的这些不文明行为，导致了让整个社会为其买单。”

针对社会上出现的不文明现象，专家指出：在经济高速发展，物质生活丰富的同时，公民和公共道德意识不可缺失。“好多问题集中反映出来以后，大家还是觉得挺震惊的，我们一向说我们中国是文明古国，我们有非常良好的传统，而有些人却表现出不文明的行为，

这种事情就像一面镜子一样，让我们每个人都应该反思。”“从政府的角度来讲，应该依靠法律法规的力量，来制约这种不文明现象的发生，加大惩罚力度。这是世界上很多国家制约不文明现象的一个共同的经验，让这种不文明行为付出代价，必须把道德的力量和法制力量有机地结合起来。”

不文明行为是丑陋的道德疮疤，害己害人，不仅有损个人形象，也让社会蒙羞，有的不文明行为已经严重影响了社会秩序，甚至危害公共安全，对不文明现象我们应该零容忍，形成人人谴责、人人抵制的社会氛围，压缩他们的生存空间。

读完案例二想一想：案例中都有哪些不文明行为？不文明行为带来了哪些危害？作为社会成员，你如果看到身边有不文明的行为应该怎样去做？

自我反思

陶行知说：“道德是做人的根本。根本一坏，纵然你有一些学问和本领，也无甚用处。”道德是做人之本，道德能填补智慧的缺陷，而智慧却永远填补不了道德的缺陷。作为21世纪的中职生，唯有做一个有涵养、有品德的高素质人才，才能促进自身职业生涯的发展。请反思一下，在你的成长历程中，有没有不文明或者不道德的行为？如果有，请认真、诚实地写出来：

成长目标 于丹说过："没有谁会永远不犯错，不过，犯错也没关系，一旦错了，不要固执己见，要赶快改正过来，这还是君子。"于丹教授告诉我们，人难免会犯错，犯错如果及时改正，知错就改，依然还是君子。为做一名有道德的人，我打算今后在学校里要做到：

在家庭中要做到：

在社会上要做到：

在今后的工作中要做到：______

______

______

______

______

教师寄语：______

______

______

______

______

______

实践体验

苏霍姆林斯基说："道德准则，只有当它们被自己追求、获得和亲身体验过的时候，只有当它们变成独立的个人信念的时候，才能真正成为精神财富。"为了让道德成为你一生的精神财富，请积极参与实践活动，并写出活动感受。

1. 在班里开展"做一个有道德的人"主题演讲征文比赛。要求：班里每一位同学都要写一篇不少于 800 字的美文，各小组评选出一名组内优秀者，参加班级的演讲比赛，最终推选出一名班级优胜者参加学校的演讲比赛，颂扬道德之美、体验道德之荣。各组在组织活动的时候，注意随时用相机留下同学们的美好瞬间，并上传到《职业道德与法律》课程网站，以便同学们相互交流、学习。

"做一个有道德的人"美文：______

______

______

______

______

2. 各组集思广益设计方案，选择活动内容，进行道德体验活动。例如，在家庭中，开展“孝敬父母，体验亲情”活动；在学校里，开展“和谐校园”活动，倡导同学们尊敬师长，见面行礼，主动问好，推行校园文明礼貌用语，做到知礼仪、重礼节；在社会上，开展 “爱心奉献”活动，组织同学们走进社区敬老院、老龄家庭，帮助孤寡患病老人、残疾人和军烈家属洗衣做饭，打扫卫生，陪他们聊天谈心等。

我们组的活动主题是：____________________

活动过程是这样的：____________________

通过参加活动，我的感受是：

素质评价 通过道德知识的学习，完成关于提升道德境界的自评与他评表。

行为目标	自评			家长评			老师评		
	O	S	L	O	S	L	O	S	L
1．知道德：知道道德的特点和分类，能说出公民基本道德规范以及家庭美德、社会公德的主要内容									
2．懂道德：严于律己，提高自身辨别是非的能力；加强道德修养，自觉抵制和反对拜金主义、享乐主义；热爱祖国、热爱集体，热心扶贫帮困，树立为人民的利益而奋斗的精神动力									
3．行道德：在家庭孝敬父母，尊重长辈；在学校和实习中，尊敬师长，尊重每一位职工；在社会上，敬老爱幼，助人为乐									
总分									

填写说明：（1）O、S、L 分别是 On（很好）、Short（良好）、Long（稍差）的缩写，是品德养成结果主观测评的一种简便标记符号。（2）总分=O 的个数×3+S 的个数×2+L 的个数×1。

规划未来

通过自我反思，并了解了家长的看法、知道老师的评价后，我今后的努力方向是：______________________________

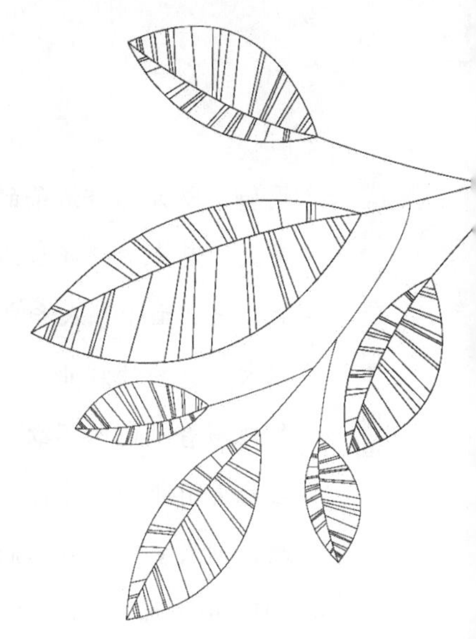

第4课

恪守职业道德

Chapter 4

素质目标

职业道德是职业的灵魂。高尚的职业道德会推动我们的事业走向成功，使我们做一个对社会有益、受人尊敬的人。每一个同学将来都会走上工作岗位，同学们要知道职业道德的基本内容及其具体要求，理解遵守职业道德的意义，树立干一行、爱一行、专一行的理念，在日常的生活和学习中，通过实际行动涵养职业道德。

情景剧场

"油条哥"刘洪安

刘洪安，男，汉族，1980年11月生，河北省保定市"油条哥"餐饮管理有限公司经理。

刘洪安从保定市财贸学校毕业后，毅然选择了自主创业之路。他在保定市高开区银杏路开了一间早点铺，使用一级大豆色拉油炸油条，坚持每天一换。因为坚守诚信，他的油条被消费者称为"良心油条"，他被许多人亲切地称为"诚信油条哥"。

2008年，由于长期租住在阴暗潮湿的宿舍里，刘洪安患上了强直性脊柱炎，每日遭受病痛的折磨，生活举步维艰。偏偏此时，他的母亲突发动脉瘤破裂，生命垂危，这一刻他真正体会到了生命的脆弱。2010年，病好些后，他和爱人开始经营早餐生意，卖油条和豆腐脑。刚开始炸油条的时候，也重复用油，虽然知道重复用油不好，但不知道危害到底有多大。后来，他通过媒体了解到，食用油反复加温会产生大量有害物质，会对人体造成很大危害。由于家人和自己得过重病，深知生命健康的价值，从2010年初开始，他便使用一级大豆色拉油炸油条，而且坚持每天一换。刘洪安的早餐店“刘家豆腐脑”的招牌上，醒目地写着“己所不欲、勿施于人”、“安全用油、杜绝复炸”的标语。同时，为向顾客证明自己是用新油，特意贴出鉴别复炸油的方法，并放了一把“验油勺”，供顾客随时检验。自此，刘洪安的“良心油条”生意门庭若市，在保定市引发了一股“做良心餐饮”的热潮。2012年5月11日，保定晚报刊登《大学生自谋职业吆喝卖“良心油条”》消息，见报后更多市民前来排队购买良心油条。

“油条哥”的视频播发到网络后，引起了多家媒体关注，有近百家媒体先后进行了报道。刘洪安得到社会各界广泛关注和群众好评，引起了广大网民热捧，被网民亲切地称为“油条哥”。

2012年12月底，“油条哥”餐饮管理有限公司在保定正式成立。2013年3月28日，“油条哥”的第一家分店“油条哥仁和店”正式开业，“油条哥”终于迈出了扩大“良心油条”经营规模的实质性一步。

刘洪安荣获全国先进个体工商户、河北省道德模范、2012年感动河北人物等荣誉称号，入选“中国好人榜”。

看完情景剧场《“油条哥”刘洪安》后，你的内心是否深受触动？请结合你的感想，回答下列问题。

1. 刘洪安的身上闪耀着哪些优秀的职业道德品质？

____

____

____

____

2. 如果你是早餐店老板，在这个普普通通的岗位上，你是否会像刘洪安所做的那样？为什么？

____

____

____

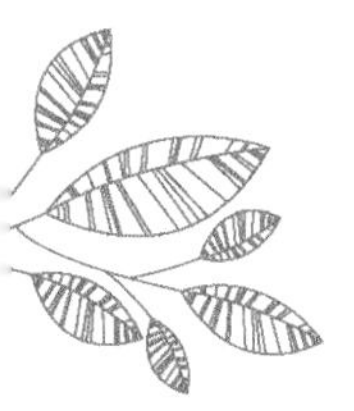

3. 刘洪安把重复用油换成了新油，仅仅这一个举动就得到了社会的广泛赞誉，为此，你有何感悟？你是如何看待你将来的工作岗位的？

4. 请说一说你身边的或你所知道的各个行业的职业道德榜样，讲一讲他们的故事。

5. 职业道德的主要内容有哪些？

6. 你是怎样理解职业道德的？它对我们的事业走向成功有何作用？

请认真阅读案例，并结合实际谈谈你的认识或得到的启示。

案例一　全国劳动模范——许振超

青岛港明港公司集装箱装卸码头，青岛港集团劳模装卸队的队长许振超，是在青岛港干了 30 年的“老码头”，他带领的桥吊队，在承担“地中海法米娅”号集装箱货轮装卸任务时，创出了船时效率 703 自然箱和单机最高效率每小时 339 自然箱两项世界纪录，在世界航运业引起轰动。

“成就感拿啥也买不来”

“破世界纪录的想法在我心中由来已久。1994 年，我作为青岛港的工人代表参观阿姆斯特丹、鹿特丹、中国香港等世界大港的装卸工序时，就有了这个念头。”许振超说，“因为我看到，我们与这些大港的差距主要在装卸工具上。”

1974 年，许振超初中毕业进港当了工人，分配到大港公司机电 4 队。1984 年，青岛港组建集装箱公司，许振超成了青岛港第一代桥吊司机。

为了摸清机器的“脾性儿”，许振超主动与其他司机轮换着开桥吊。每开一台桥吊，他都仔细记录，并在港内首次提出“无声响操作”，要求桥吊司机在吊装作业时，从抓箱到落箱做到没有声音。一个集装箱哪怕是空箱也要十几吨重，再加上十几吨的吊距，至少也有三四十吨重，把这样一个大“铁疙瘩”抓到 70 多米的高空再放下来，有时还要放到船底八九层深，不出大声响，简直不可想象，但许振超硬是做到了，“无声响操作”后来还成了青岛港装卸工序的行业标准。

许振超不仅桥吊开得好，还乐于钻研维修技术。他的装卸桥主起升电机磁场可控硅供电电路技改项目获得了集团科技进步二等奖，他先后获得集团技术创新奖十余项。2000 年，

许振超在集装箱公司干机械二队队长时，正赶上队里的轮吊发动机大修。按惯例，应送到北京厂家修理。许振超决定从队里选派技术骨干成立大修小组。他和工人们边琢磨边实践，对4台轮吊发动机进行了大修，不仅节省了维修时间，还节省开支10多万元。

2001年，青岛港启动前湾集装箱码头，组建明港公司，从上海港机厂订购了一批新型桥吊，每台价值近4000万元，其中一台必须赶在年底安装完成。由于种种原因，一直到11月底，桥吊安装还没能走上正轨。关键时刻，集团总裁常德传找到许振超说："从现在开始，任命你当桥吊安装现场总指挥。"大家都知道，这可是个高级工程师干的活儿。许振超天生"硬脾气"，唯旗是夺，当场立下"军令状"。出人意料的是，他上任后做的第一件事就是把原来的安装方案推翻了。新方案是换大水吊，在地面先部分拼装，最后整体吊装。

2001年12月31日晚10点17分，经过40多天的奋战，重1000万吨、高75米的超大型桥吊如期矗立在明港公司的码头上。

如今，这台桥吊仍矗立在明港公司的最西头，每天从码头上走过，许振超都会多看它几眼。他说："干工作苦中有乐，其中的成就感拿啥也买不来。"

随身带着"三样宝"

许振超把自己的岗位称为第一岗位。他说："桥吊司机是卸货的第一关，装货的最后一关，是整个港口一线装卸最关键的岗位。"他要求，装卸队队员要把自己看作是一家4000万资产国企的老总。许振超解释说："我们操作的每台桥吊的价值大多在4000万元左右，让大家自比老总，就是为了增强责任意识，使每一个队员都能像企业老总那样对工作负责。"

从20世纪70年代开门机，到90年代开桥吊，再到新港区主持现代化大型桥吊的安装，机器的价值从最初的几十万元变成了几千万元，技术也经历了多次升级换代。经历了如此大的跨度和技术升级，许振超的第一学历仅是初中毕业。

"老许心气高，什么事都要争第一。他认准一个理，说到做到。"工友张国清告诉记者，"一个初中生能把专业英语和术语搞得滚瓜烂熟，想一想要花多大代价！"

"恶补！我把几乎所有的业余时间都用在学习上。"许振超回答说，"作为一名工人，只有不断学习，才能跟上时代。我喜欢带着问题学习，绝不能落到别人后面。"

功夫不负有心人。不断地学习和实践，使许振超从一名工人成为专家。

一天晚上，在明港5号桥吊上，五六个维修主管围着桥吊前伸距愁眉不展，修了一下午还是不行。许振超这儿摸摸，那儿看看，过了十几分钟，他在张紧液压站跟前站住了，反复摸了摸里面的两个溢流阀和前后四根油管。许振超说：就是右边这个阀，换掉它试试。十几分钟后，换上溢流阀的机器恢复正常。工人们伸出了大拇指："神了！"

事后追问，许振超说："没啥神的，以前开门机时，就遇到过类似的毛病，连技术员也没办法，我买了本《液压技术》的书，边学边修，到底给捣鼓好了。"

长期在许振超身边工作的大学生张英明说："别看许队今年 50 多岁了，可他身上每天随身带着'三样宝'：一本翻烂的字典、一本笔记本、一台手提电脑。"

许振超解释说："我这两年一直在自修英语。别看明港的新桥吊是上海生产的，但桥吊上的电控系统是从瑞典引进的，整个系统的运行程序用的都是英语。"

"再提高 15%没问题"

"干出一流的业绩，创造世界保班名牌"——这是许振超为自己定下的奋斗目标。

青岛港实施外贸集装箱西移以来，前湾新港区大码头、深泊位的优势日益凸显，世界著名船运公司竞相来港挂靠大船，这使承担着前湾新港区集装箱装卸任务的明港公司连续创出作业新高。

从踏上前湾新港区的第一天起，他就对桥吊队的工友们说："在世界一流的大码头上干活儿，就要干出世界一流的活儿来。"

为了提高装卸效率，许振超带领全队职工加强岗位练兵，逐月在全队月度目标中，提高司机的单机舱时量，由最初的 25 个提到 28 个，又由 28 个提到 30 个。2002 年 5 月，他们用两台桥吊干出了 428 万标准箱，超过了代表世界第一的"香港速度"。到了下半年，他们已经达到了 1600 标准箱左右的船舶 12 小时内就可以完船，超过了上海港的装卸效率。

2003 年 3 月 4 日，明港公司接卸地中海航运的"阿莱西亚轮"时，刷新了三项中国大陆沿海港口最高纪录。许振超和他领导的桥吊队也创造出了每小时装卸 2997 自然箱的中国大陆沿海港口最高纪录，"振超效率"声名大振。世界第二大船公司地中海航运专门发来感谢信，盛赞青岛港的作业效率与世界一流大港水平相当。

面对成绩，许振超没有满足。他说："我们的码头工人并不比别人差，香港码头能干出来的，我们也能干出来，而且会干得更好。不论干什么，干就要干出点名堂来，我们就是要创世界第一。"

"从我们目前的技术状态来看，再把纪录提高 15%没有问题。"许振超自信地对记者说。

读完案例一请你想一想：许振超是如何成为全国劳动模范、新时期产业工人的杰出代表的？请把你的感受真实地书写下来。

____

____

____

案例二 毒豆芽案

为了让豆芽的卖相更好，一些非法商贩在豆芽中添加禁用添加剂——6-苄基腺嘌呤（俗称豆芽无根素），如果长期食用这种毒豆芽会致癌。2013 年 11 月 14 日，青岛市即墨法院对 4 起非法制售毒豆芽的案件进行了集中审理、宣判。6 名被告人均因犯生产、销售有毒、有害食品罪获刑，其中最高的被判处有期徒刑 1 年，并处罚金 8 万元，最低的被判处有期徒刑 7 个月，缓刑 1 年，并处 2 万元罚金。记者了解到，这是青岛法院系统审判的首批因生产、销售毒豆芽获刑的案件。

市场上的豆芽检出“无根素”

据介绍，42 岁的薛某海是山东莒县人。几年前他便来到青岛，并在市区一农贸市场卖菜。据其供述，2011 年底，他开始生产、销售豆芽，“一开始生的豆芽很小很瘦，后来经一浙江籍摊主介绍，往豆芽里添加豆芽无根素后，豆芽便会变大”。学到这项“技术”后，薛某海便搬到即墨经济开发区，在这里租房生产、销售毒豆芽。“加了无根素之后，豆芽就不会生须，且变得白白胖胖，能长到 10 多厘米。”薛某海称，这样不仅能让豆芽变得卖相更好，而且还能提高豆芽的发芽率和产量。

2013 年 7 月，民警在市场购买豆芽后进行检测，豆芽中禁用添加剂 6-苄基腺嘌呤的含量达 11.78 毫克/千克。后经顺线摸排，获知该豆芽出自薛某海、张某夫妻两人的小作坊，并将二人抓获。记者了解到，几乎同时被抓的还有另外 3 个豆芽作坊的老板，分别是薛某山、宋某华、朱某玉和王某夫妇，而薛某山和薛某海还是堂兄弟关系。11 月 14 日，即墨法院对这 4 起案件的 6 名被告人进行了集中审理、宣判。

普通豆芽 3 厘米，他家的 10 厘米

法庭上，薛某海称，无根素来自浙江和莒县老家，“一般每 50 斤豆芽可以用 1 支无根素”。“用了无根素之后，豆芽能长到 10 厘米左右，而如果不用，豆芽只能长到 3 厘米左右。”

薛某海表示，平均每天生产、销售毒豆芽七八百斤，都销往即墨市人民医院东侧的一处蔬菜批发市场。“因为夏天上市的蔬菜品种多，每年这个时候我就停工。所以，一般每年只有一半的时间在生产这种豆芽。”薛某海表示，因为质监、工商等部门每年都来检查，从来没有人说豆芽不合格，所以并不知道自己的豆芽有问题。“而且行业内大家都是这么干的。”薛某海说，“从来没有想到，这样做也是违法的。”

记者了解到，6名被告人中，朱某玉和妻子王某从事毒豆芽生产、销售时间最长。“大约从2004年开始，就加工豆芽并销往附近市场。”朱某玉称，这些年来并没有赚多少钱。而截至11月13日，二人分别缴纳罚金7万元和3万元。“几乎这几年挣的钱全砸进去了，早知道这是犯罪，我就不干了！”庭审结束后，朱某玉在接受记者采访时说。而其妻子王某则掩面而泣，反复强调希望法官能对其从轻处罚，“因为家里有4位老人和16岁的孩子需要照顾”。

当庭审进入到最后陈述阶段时，薛某海当庭表示，因其家庭情况特殊，恳请法官能从轻对其处罚。“跟前妻离婚后，她几乎带走了家里所有的钱，2013年4月才和现在的妻子（张某）结婚。”薛某海说，我有两个孩子，她带来两个孩子，年龄最小的只有6岁。薛某海和妻子张某均表示，希望法院能针对家中孩子无人照顾的情况对其从轻判决。

此外，另外两名被告人薛某山和宋某华也分别表示，将来不会从事此类犯罪行为，希望法院能对其从轻处罚。

丈夫领实刑，妻子获缓刑

即墨法院经审理查明，4起生产、销售有毒、有害食品案件均是被告人在加工生产黄豆芽、绿豆芽过程中，违反国家规定向浸泡的黄豆、绿豆中添加6-苄基腺嘌呤等食品添加剂，并将黄豆芽、绿豆芽对外销售。经青岛科标化工分析检测有限公司检测后认定，以上豆芽中均含有6-苄基腺嘌呤。随后公安机关在被告人生产豆芽的场所内查扣了“豆芽无根素”、198AB粉、920粉等非法添加剂。

法院审理后认为，6被告人在生产、销售食品过程中违反规定掺入国家禁止使用的6-苄基腺嘌呤等非食品原料，危害人民群众的身体健康和生命安全，其行为构成生产、销售有毒、有害食品罪，均应惩处。鉴于被告人宋某华案发后投案自首，其余被告人到案后均能如实供述自己的犯罪行为，且被告人朱某玉、张某、王某缴纳全部罚金、其余被告缴纳部分罚金，法院均予以从轻处罚，分别判处被告人薛某海有期徒刑一年，并处罚金人民币8万元；被告人薛某山有期徒刑一年，并处罚金人民币7万元；被告人宋某华有期徒刑10个月，并处罚金人民币8万元；被告人朱某玉有期徒刑9个月，并处罚金人民币7万元。

其余两名被告人王某、张某，因在共同犯罪中作用较小，是从犯，法院予以从轻处罚；考虑到王某与朱某玉、张某与薛某海系夫妻关系，家中均尚有未成年的孩子需要人照顾，从宽严相济的政策及人性化量刑角度出发判处被告人王某有期徒刑 7 个月，缓刑一年，并处罚金人民币 3 万元；被告人张某有期徒刑 6 个月，缓刑一年，并处罚金人民币 2 万元。

1. 读完案例二后，请你将这些不法商贩的所作所为与“油条哥”刘洪安相比较，想一想他们的道德境界有何不同？对此后你有何感悟？

2. 职业道德的基础是什么？职业道德的重点是什么？职业道德的核心是什么？职业道德的较高要求是什么？职业道德的最高境界是什么？

3. 你所学的专业是哪一行？这一行有哪些区别于其他行业的特殊的道德规范？

____

____

____

____

____

____

____

自我反思

职业道德是道德在职业领域的体现，它与道德是一脉相承的。一个人的道德品质高尚，其职业道德也会高尚。良好职业道德素质的养成应该从现在开始。请你认真反思你身上的道德品质，哪些是优秀的？哪些还有欠缺？例如，能否认真做好老师和家长交给你的任务？做人做事能否诚实守信？看待事物能否换位思考、设身处地地想想他人的感受等，请将你的反思写在下面的横线上。

____

____

____

____

____

____

____

____

成长目标

提升职业道德素质：从现在起，我一定要______________

____

____

____

____

____

____

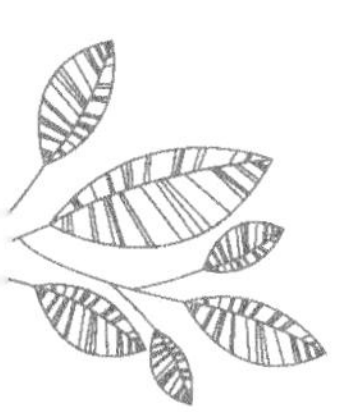

教师寄语：

实践体验

学习职业道德，就要深入地理解职业道德的要求，并在平时的学习和生活中自觉践行职业道德规范，这样才能不断提高职业道德境界，培养高尚的职业道德情操，推动未来事业的顺利发展。为了提升自身的职业道德素质，请积极参与下列活动，并把感受书写下来。

1. 以班级为单位组织一次职业道德主题演讲赛，向职业道德榜样人物学习，进一步加深对职业道德的理解。

2. 组织技能大比武，找准差距，向标兵学习，不断提高自己的技能水平，用精湛的技艺来践行职业道德。

3. 每天至少为老师或同学做一件好事，用心体会帮助别人、奉献自己的快乐。与知心朋友相约互为明镜，坦诚相见，实事求是地指出对方在做人做事方面的缺点与不足，互相鼓励，共同提高。

通过积极参加以上活动，我在职业道德方面的收获是：

知心朋友给我提的意见和建议是：________________________________

____

____

____

____

素质评价

通过职业道德知识的学习，完成关于职业道德品质的自评与他评表。

行 为 目 标	自评			家长评			老师评		
	O	S	L	O	S	L	O	S	L
1．学习：对学习有兴趣，上课能认真听讲									
2．态度：别人交代的事情，在力所能及的情况下，能保质保量地做好									
3．做人：与人交往诚信无欺，信守承诺									
4．做事：办事公道，坚持原则									
5．团队精神：不以自己为中心，心中有集体，有大局，能与他人合作									
总分									

填写说明：（1）O、S、L 分别是 On（很好）、Short（良好）、Long（稍差）的缩写，是品德养成结果主观测评的一种简便标记符号。（2）总分=O 的个数×3+S 的个数×2+L 的个数×1。

规划未来

通过自我反思，并了解了老师和家长的评价后，我今后的努力方向是：

____

____

____

____

____

____

____

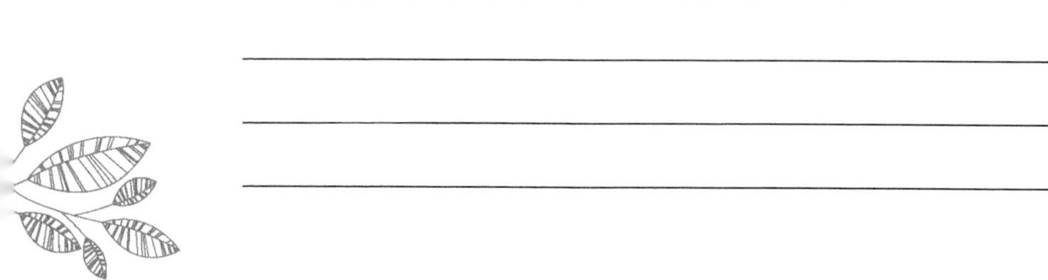

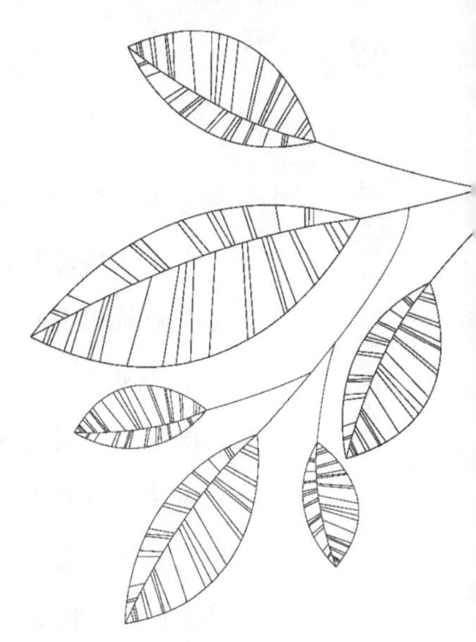

第5课

提升道德境界

Chapter 5

素质目标

体验道德之美、感受道德的力量、了解职业道德的规范，会激励我们追求更高的道德境界。作为未来社会的从业者，我们要了解职业道德养成的作用；要理解慎独在职业道德养成中的意义，运用省察克治的方法，提升职业道德境界；要学习职业道德榜样，从小事做起，涵养职业道德，在实践中逐步养成良好的职业行为习惯。

情景剧场

“最美司机”吴斌

2012年5月29日，杭州长运客运二公司员工吴斌，驾驶客车从无锡返杭途中，突然有一块铁块像炮弹一样，从空中飞落击碎车辆前挡风玻璃砸向他的腹部和手臂，至使他的肝脏破裂及肋骨多处骨折，肺、肠挫伤。监控画面记录下了当时突发的一幕，时间共1分16秒：被击中时的一瞬间，吴斌本能地用右手捂了一下腹部，看上去很痛苦，但他没有紧急刹车或猛打方向盘，而是强忍疼痛让车缓缓减速，稳稳地停下车，打起双闪灯，拉好手刹，最后他解开安全带挣扎着站起来，打开车门，疏散旅客。他回头还对受到惊吓的乘客说：“别乱跑，注意安全。”做完这一切，吴斌瘫坐在了座位上。危急关头，吴斌强忍剧痛，以一名职业驾驶员的高度敬业精神，完成一系列完整的安全停

车措施，确保了24名旅客安然无恙，而他自己虽经全力抢救却因伤势过重去世，年仅48岁。

为表彰杭州司机吴斌的先进事迹和崇高精神，6月2日，杭州市精神文明建设委员会发布公告，授予吴斌同志杭州市道德模范（平民英雄）荣誉称号。浙江省委常委、市委书记、市人大常委会主任黄坤明作出批示：吴斌同志在危急时刻用生命履行了职责，为我们树立了坚守岗位、舍己为人的光辉榜样。向“平民英雄”致敬。

看完情景剧场《“最美司机”吴斌》后，你是否有很多要说的话？请结合你的内心感受，回答下列问题。

1. “最美司机”吴斌“美”在哪里？

____

____

____

____

____

2. 在你的身边或你所知道的各行各业还有哪些职业道德榜样？请你把他们的事迹以及所带给你的感动写下来。

____

____

____

____

____

____

____

____

____

____

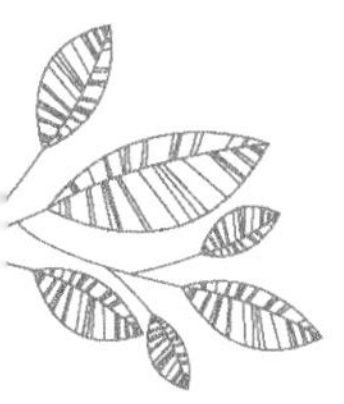

3. 什么是慎独？什么是省察克治？

4. 作为中职学生，你如何用实际行动提升自己的道德素养和境界水平？

请认真阅读案例，并结合实际谈谈你的认识或得到的教育启示，发表自己的评论。

案例一　最美女教师——张丽莉

张丽莉，女，28岁。黑龙江省佳木斯市第十九中学初三（3）班班主任。张丽莉出生在一个教育世家，2006年，她从哈尔滨师范大学毕业后，分配到佳木斯市第十九中学任教。

2012年5月8日，放学时分，张丽莉在路旁疏导学生。一辆停在路旁的客车，因驾驶员误操作，汽车失控，撞向学生。在这危急时刻，张丽莉向前一扑，将车前的学生用力推到一边，自己却被撞倒了。车轮从张丽莉的大腿辗压过去，肉都翻卷起来，路面满是鲜血，惨不忍睹。被轧伤后她有时清醒有时昏迷，在送医院的途中，还对大家说：要先救学生。昏迷多天后，张丽莉醒来的第一句话是："那几个孩子没事吧！"

经过抢救，张丽莉被迫高位截肢。她的亲人和医护人员都不敢想象她知道真相的后果会是怎样，但张丽莉很快接受了事实，还反过来安慰父亲说："当时车祸的场景我还记得，很幸运，如果车轮从我的头碾过去，你们就看不到我了，我救了学生，也保住了命，今后一定会幸福的。”

有人问张丽莉，“你后悔吗？”她回答：“不后悔。这样做是我的本能。我已经28岁了，我已和父母度过28年的快乐时光。那些孩子还小，他们的快乐人生刚刚开始。”

1. 读完案例一请思考：张丽莉老师为什么最“美”？

____

____

____

____

2. 这起事件发生的原因是什么？比较事件中的肇事司机与吴斌司机的行为，你受到什么启示？

____

____

____

____

____

____

____

案例二　三鹿奶粉事件

2008年的三鹿奶粉事件虽已过去好长时间了，但是留给人们的记忆依然是深刻的。据调查，“三鹿公司”生产的婴幼儿问题奶粉是在原奶收购过程中被不法分子添加了三聚氰胺所致。三聚氰胺是一种色泽与奶粉相似的化工原料，可诱发多种疾病。不法分子用它来掺杂使假，目的是增加原奶或奶粉的蛋白质含量，降低成本，从而牟取利益。

“三鹿奶粉事件”震惊了全国，也震惊了世界。三鹿奶粉制品是婴儿泌尿系统结石致病原因，这起事件导致了29.4万婴幼儿泌尿系统结石，甚至有的已死亡，无数家庭为劣质奶粉对婴幼儿身体的伤害感到忧心忡忡。问题奶粉不仅伤害了众多无辜的婴幼儿，伤害了社会，也伤害了三鹿集团公司等奶制品企业本身，伤害了整个中国的奶制品行业，而最终更是伤害到中国的整个食品、农产品产业链。三鹿事件的最大元凶张玉军被判处死刑，原三鹿集团董事长田文华被判处无期徒刑。

1. 读完案例二想一想：三鹿奶粉事件发生的原因是什么？

____

____

2. 三鹿奶粉事件造成了哪些危害？带给你怎样的启示？

____

____

____

____

____

____

____

____

自我反思

俗话说："千里之堤溃于蚁穴"，"细节决定成败。"生活以及学习中，你是如何从点滴做起养成好习惯的？此时此刻你心中更多的是满意还是自责、愧疚？请完成以下内容。

1. 平常，在没有家长和老师的监督下，我是这样养成好习惯的：______________

____

____

____

____

2. 在"省察克治"的问题上，我存在很多不足，例如：______________

____

____

____

____

____

____

成长目标

提升自身的道德境界：从现在起，我一定要________________

____

____

____

____

____

____

____

教师寄语：________________________________

____

____

____

____

____

实践体验

1. 从点滴做起养成好习惯，提升自身的道德境界。在日常生活以及学习中尝试做 10 件事，并且把这 10 件事的活动照片上传到职业道德与法律网站，便于同学们相互交流、学习。

2. 写出实践过程中你的感受及父母或同学、老师的反应：________________

____

____

____

____

3. 你认为除了这 10 事件以外，还应该做什么？今后有哪些打算？________________

____

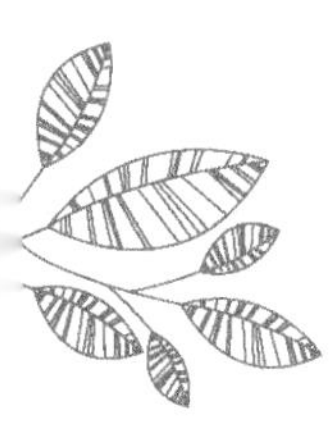

4. 以“点滴做起，提升自我”为题写一篇生活随笔，要求阐明自己的收获及进步。

素质评价

通过道德知识的学习,完成关于提升道德境界的自评与他评表。

行为目标	自评			家长评			老师评		
	O	S	L	O	S	L	O	S	L
1. 学会慎独：在独自活动无人监督的情况下，凭着高度自觉，按照一定的道德规范行动，而不做任何有违道德信念、做人原则之事									
2. 学会省察克治：通过反省检查、发现和找出自己思想和行为中的不良倾向、坏的念头、毛病和习惯，及时地加以克服和整治									
3. 学会关注细节：平日注意从点滴做起，养成良好的习惯。以认真的态度做好每一件小事，以认真负责的心态对待每个细节									

续表

行为目标	自评			家长评			老师评		
	O	S	L	O	S	L	O	S	L
4．树立明确的目标：有明确可行的人生目标，并愿意为实现目标付出努力									
5．学会自信、自立：平日遇到小的困难和挫折能控制情绪，不抱怨、不放弃，用坚强的意志自己独立解决难题。及时总结经验，调整目标，继续努力									
6．培养乐观的处事态度：能客观地认识自己、评价自己，对生活充满信心									
总分									

填写说明：(1) O、S、L 分别是 On（很好）、Short（良好）、Long（稍差）的缩写，是品德养成结果主观测评的一种简便标记符号。(2) 总分=O 的个数×3+S 的个数×2+L 的个数×1。

规划未来

通过自我反思，并了解了家长的看法、知道老师的评价后，我今后的努力方向是：________________________________

____

____

____

____

____

____

____

____

____

____

____

____

____

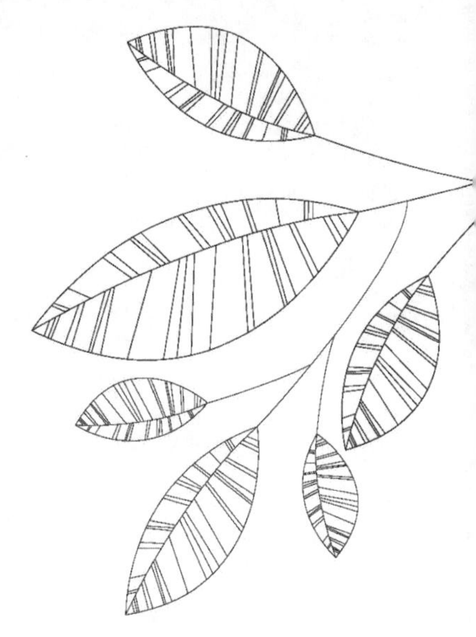

第3单元

弘扬法治精神，当好国家公民

同学们，现代社会是法治社会，法律面前人人平等。自觉学法、守法、用法，维护法律的尊严，是一个现代公民应尽的职责。依法治国是党领导人民治理国家的基本方略，坚持有法可依、有法必依、执法必严、违法必究，是建设社会主义法治国家的基本要求。

中职生既要具备良好的思想道德素质，也要具备相应的法律素质，要树立“以遵纪守法为荣，以违法乱纪为耻”的观念。只有弘扬社会主义法治精神，崇尚社会主义法治理念，维护社会主义法制尊严，履行保障宪法实施的公民职责，学会用法定程序维护自己的合法权益，才能在社会主义法治国家和民主政治建设中，做一个知法、懂法、守法的合格公民。

通过本单元的学习，我们将更加理解规则的必要，从而增强遵纪守法的意识；深入理解依法治国方略，树立法治观念；自觉维护宪法权威，增强公民意识；崇尚程序正义，学会依法定程序做事、按法定程序维权。

第6课

弘扬法治精神，建设法治国家

Chapter 6

“不以规矩，不能成方圆”，懂规矩才知怎样做，守规矩才能得幸福。要增强规则意识，遵守学校的纪律及法律要求，做一个遵纪守法的人。同时，要树立社会主义法治理念，维护社会主义法治的统一、尊严和权威，为建设法治国家而努力。

抢劫1.3元的少年犯——聂磊

初中时，聂磊经常逃课，和一帮志同道合的“兄弟”在即墨路市场游手好闲，惹是生非，打架斗殴，成了名副其实的街头小混混。一天，聂磊在街上闲逛，他看到3个和自己年龄差不多大的孩子在争吵：两个四方区的孩子向一个市北区的孩子索要钱财，市北区的孩子手里只有1.35元。聂磊凑上前说，“给他留5分钱坐车，其余的我们拿走”。不久，市北区的孩子家属和亲戚联合起来向市区大队报了警，聂磊被带到了派出所，一进门就被铐上了手铐。那时正值全国“严打”，要求大大小小的一切案件需“从重从快”处理，不让请律师。1983年9月，该案宣判：因犯抢劫罪，聂磊被判刑6年，两个四方区的孩子分别被判7年和8年。宣判后，聂磊的父母不断提交申述材料，两年后，聂磊被改判拘役6个月，在拿到签过字的法院判决书时，聂磊冲着在场法官大声质问：“你们原来凭什么判我有罪？！”这年，聂磊才18岁。1986年，聂磊因为斗殴被劳教3年；1992年，聂磊因为抢劫罪被判处6年有期徒刑；2010年3月27日，聂磊团伙制造颐中皇冠假日大酒店夜总会斗殴事件；2011年4月18日，聂磊案提起公诉。

看完情景剧场《抢劫1.3元的少年犯——聂磊》后，你是否有很多要说的话？请结合你的内心感受，回答下列问题。

1. 找一找，聂磊从小到大，都有哪些违法违纪的事情？

2. 中国有句古话：“勿以善小而不为，勿以恶小而为之。”结合聂磊的犯罪历程，请谈谈你对这句话的理解。

3. 聂磊走上犯罪道路的根源是什么？

请认真阅读材料，并结合实际谈谈你的认识或得到的教育启示，发表自己的评论。

材料　中学生日常行为规范（修订）

一、自尊自爱，注重仪表

1. 维护国家荣誉，尊敬国旗、国徽，会唱国歌，升降国旗、奏唱国歌时要肃立、脱帽、行注目礼，少先队员行队礼。

2. 穿戴整洁、朴素大方，不烫发，不染发，不化妆，不佩戴首饰，男生不留长发，女生不穿高跟鞋。

3. 讲究卫生，养成良好的卫生习惯。不随地吐痰，不乱扔废弃物。

4. 举止文明，不说脏话，不骂人，不打架，不赌博。不涉足未成年人不宜的活动和场所。

5. 情趣健康，不看色情、凶杀、暴力、封建迷信的书刊、音像制品，不听不唱不健康歌曲，不参加迷信活动。

6. 爱惜名誉，拾金不昧，抵制不良诱惑，不做有损人格的事。

7. 注意安全，防火灾、防溺水、防触电、防盗、防中毒等。

二、诚实守信，礼貌待人

8. 平等待人，与人为善。尊重他人的人格、宗教信仰、民族风俗习惯。谦恭礼让，尊老爱幼，帮助残疾人。

9. 尊重教职工，见面行礼或主动问好，回答师长问话要起立，给老师提意见态度要诚恳。

10. 同学之间互相尊重、团结互助、理解宽容、真诚相待、正常交往，不以大欺小，不欺侮同学，不戏弄他人，发生矛盾多做自我批评。

11. 使用礼貌用语，讲话注意场合，态度友善，要讲普通话。接受或递送物品时要起立并用双手。

12. 未经允许不进入他人房间，不动用他人物品，不看他人信件和日记。

13. 不随意打断他人的讲话，不打扰他人学习工作和休息，妨碍他人要道歉。

14. 诚实守信，言行一致，答应他人的事要做到，做不到时表示歉意，借他人钱物要及时归还。不说谎，不骗人，不弄虚作假，知错就改。

15. 上、下课时起立向老师致敬，下课时，请老师先行。

三、遵规守纪，勤奋学习

16. 按时到校，不迟到，不早退，不旷课。

17. 上课专心听讲，勤于思考，积极参加讨论，勇于发表见解。

18. 认真预习、复习，主动学习，按时完成作业，考试不作弊。

19. 积极参加生产劳动和社会实践，积极参加学校组织的其他活动，遵守活动的要求和规定。

20. 认真值日，保持教室、校园整洁优美。不在教室和校园内追逐、打闹、喧哗，维护学校良好秩序。

21. 爱护校舍和公物，不在黑板、墙壁、课桌、布告栏等处乱涂改刻画。借用公物要按时归还，损坏东西要赔偿。

22. 遵守宿舍和食堂的制度，爱惜粮食，节约水电，服从管理。

23. 正确对待困难和挫折，不自卑，不嫉妒，不偏激，保持心理健康。

四、勤劳俭朴，孝敬父母

24. 生活节俭，不互相攀比，不乱花钱。

25. 学会料理个人生活，自己的衣物用品收放整齐。

26. 生活有规律，按时作息，珍惜时间，合理安排课余生活，坚持锻炼身体。

27. 经常与父母交流生活、学习、思想等情况，尊重父母意见和教导。

28. 外出和到家时，向父母打招呼，未经家长同意，不得在外住宿或留宿他人。

29. 体贴、帮助父母长辈，主动承担力所能及的家务劳动，关心照顾兄弟姐妹。

30. 对家长有意见要有礼貌地提出，讲道理，不任性，不耍脾气，不顶撞。

31. 待客热情，起立迎送。不影响邻里正常生活，邻里有困难时主动关心帮助。

五、严于律己，遵守公德

32. 遵守国家法律，不做法律禁止的事。

33. 遵守交通法规，不闯红灯，不违章骑车，过马路走人行横道，不跨越隔离栏。

34. 遵守公共秩序，乘公共交通工具主动购票，给老、幼、病、残、孕及师长让座，不争抢座位。

35. 爱护公用设施、文物古迹，爱护庄稼、花草、树木，爱护有益动物和生态环境。

36. 遵守网络道德和安全规定，不浏览、不制作、不传播不良信息，慎交网友，不进入营业性网吧。

37. 珍爱生命，不吸烟，不喝酒，不滥用药物，拒绝毒品。不参加各种名目的非法组织，不参加非法活动。

38. 公共场所不喧哗，瞻仰烈士陵园等相关场所保持肃穆。

39. 观看演出和比赛，不起哄滋扰，做文明观众。

40. 见义勇为，敢于斗争，对违反社会公德的行为要进行劝阻，发现违法犯罪行为及时报告。

1. 在你的身边有没有听到或看到学生违反学校纪律的情况？都有哪些具体的情形？

2. 结合《中学生日常行为规范（修订）》中，你认为违反校规最不可取的 3 种情况是什么？这 3 种情形会造成什么严重后果？请说明原因。

3. 列举你班同学中最常见的违反《中学生日常行为规范（修订）》的行为，针对这些行为，家长和老师是如何来教育的？你认可这种教育方法吗？

评论交流

案例一 执法部门不执法

2013 年央视焦点访谈对延安城管“5 · 31 打人事件”进行了详细报道。据介绍，延安城管在 4 月、5 月对全市的自行车店就自行车店占道进行专项整顿。事发当天，对该自行车店进行了两次执法。在此过程中，身穿黄色衣服的协管员郑媛媛与店主发生冲突。当城管员返回来二次执法时冲突升级，一城管员与店主发生肢体冲突，当店主从地上爬起时，抬手打了郑媛媛一耳光，她大叫一声，随即和其他城管队员对店主二次拳打脚踢，随后 110 赶到。

1. 看完案例一后，请用自己的话来评价一下城管部门的所作所为。

2. 这样的行为会带来什么样的严重后果？

3. 讨论作为执法部门，如何做到秉公执法？

案例二　恶诬城管，当街“诈尸”

2013 年 7 月 23 日，全国一片热浪，武汉市更是一副热浪滚滚的情形。然而就在当天中午，几个年轻人在一家大型百货商场前大肆喊冤，声称城管恶意执法，打死人却不管。在他们面前，赫然摆着一副木板，上边躺着被城管打死的小伙子。

围观的人群越来越多，看着被城管打死的小伙子，听着这几个口口声声喊冤的声音，围观的人们也越来越激愤，有人声援他们，有人谴责城管，更有人将此画面上传至网络，一时间，从现场到网络，武汉城管打死人却置之不理的事件不胫而走。所有的人要求城管站出来给个说法。

就在大家正为此事议论不休时，令人意想不到的事情发生了。只见躺在木板上的小伙子一下子坐了起来，说：“哎呀，什么天啊，热死我了。”在场的人惊愕不已。

事后查知，这几个人在地铁边摆地摊受到城管的管制，出于报复，便上演了开始的一幕。目前，这场闹剧的导演者——小老板仍负案在逃，其余几人竟不知自己的所作所为已触犯相关法律。

1. 看完案例二后，请用自己的话来评价一下几个小青年的所作所为。

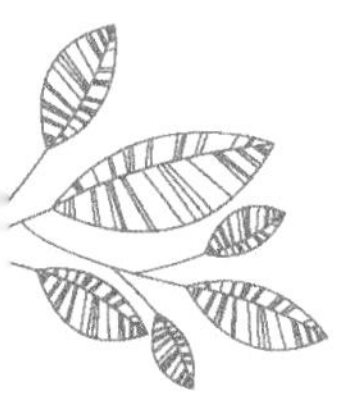

2. 这样的行为会带来怎样的严重后果？

3. 作为年轻人，如何树立社会主义的法治理念？

自我反思

俗话说：“小时偷针，大时偷金。”“小洞不补，大洞吃苦。”作为未来社会的劳动者，学校的规章制度你都遵守了吗？请结合自身实际完成以下内容。

曾经的我在校纪校规方面做得（好或者不太好），具体表现在：

成长目标

为了做一名遵纪守法的中职生，从现在起我一定要________

教师寄语：________

实践体验

陆游曾经说过：“纸上得来终觉浅，绝知此事要躬行。”请同学们课下积极参加实践活动，在实践中体验真知，并把活动的照片保留下来，及时传到职业道德与法律网站，以便同学们相互学习、交流。

1. 在班里举行一次“校纪校规我知道”的主题班会，并谈谈自己的认识。

2. 做一次关于违法乱纪的社会调查，并做成手抄报在班级交流。

违法乱纪的社会调查：

3. 有些政府执法部门的执法行为确实存在不尽如人意的地方，你都了解哪些人民群众监督的途径？

素质评价

通过法律知识的学习，完成关于提升法律意识的自评与他评表。

行为目标	自评			家长评			老师评		
	O	S	L	O	S	L	O	S	L
1．校纪校规我知道									
2．校纪校规我做好									
3．在社会生活中，我也是一位遵纪守法的人									
4．看到学校有同学违法乱纪，我会积极主动予以劝导									
5．积极学习法律法规的相关知识，提升自身的法律意识									
6．社会中有些执法部门执法不力，你是否了解监督的途径									
总分									

填写说明：（1）O、S、L 分别是 On（很好）、Short（良好）、Long（稍差）缩写，是品德养成结果主观测评的一种简便标记符号。（2）总分=O 的个数×3+S 的个数×2+L 的个数×1。

规划未来

通过自我反思，并了解了家长的看法、知道老师的评价后，我今后的努力方向是：____

____

____

____

____

____

____

____

____

____

____

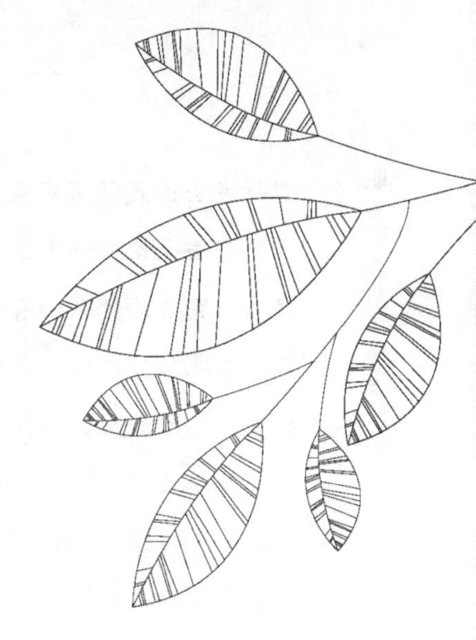

第7课

维护宪法权威，当好国家公民

Chapter 7

依法治国，首先是依宪治国。建设社会主义法治国家，需要我们每个公民自觉维护宪法权威，增强公民意识。作为祖国未来的建设者，我们要理解宪法作为根本大法的权威性，以实际行动维护宪法尊严；要理解宪法的两个基本原则，当好国家的主人，争做合格公民。

阿普说宪法

大家好，我是法治文化代言人阿普。2012 年是我国现行宪法颁布三十周年，也是《中华民国临时约法》的百年诞辰，我国的宪政历史已经走过了一百年。

世界上第一部成文宪法是 1787 年的《美利坚合众国宪法》，确立了分权原则、制衡原则和限权政府原则等。在中华文化中，现代意义上的“宪法”是舶来品。从梁启超提出“君主立宪”，到孙中山制定《临时约法》，从北洋政府的《中华民国宪法》，到国民党的《六法全书》，都没有真正体现天赋人权、法律面前人人平等的宪法精神。

新中国成立后，毛泽东同志亲自主持宪法起草工作。1954 年 9 月 20 日第一届全国人民代表大会第一次会议全票通过《中华人民共和国宪法》，又称“五四宪法”。这是中华人民共和国的第一部宪法，也是第一部以人民的名义制定的宪法。1982 年 12 月 4 日，我国现行宪法正式颁布实施。这一天也被定为我国“法制宣传日”。

宪法无论在哪个国家的法律体系中都是神经中枢、根本大法，其他法律只能算是脉络经纬。宪法为什么会有这么高的地位呢？这是由于它的内容决定的。宪法内容既“顶天”又“立地”。“顶天”是指，宪法规定了国家权力的分配，规范权力的运行。人民代表大会制度下的国务院、人民法院、人民检察院的权力都是人民赋予的。宪法不仅要把这些权力分配好，还要确保行使好、限制好。如果权力失去了限制，会出现很严重的后果。号称史上最民主的德国《魏玛宪法》赋予总统“紧急独裁权”，后来被希特勒使用了二百五十多次，酿成了第二次世界大战的祸端。“立地”是说，宪法规定和保障公民的基本权利。宪法规定的公民的基本权利有：政治权利和自由，人身权利和自由，宗教信仰自由，经济、文化、社会权利等。列宁同志说：“宪法是写满人民权利的一张纸。”保障人权是宪法根本目的之所在。换句话说，宪法是人民开具给政府并要求政府保障予以实现的权利清单。

因此，我们不能让宪法规定仅仅停留在纸面上，而要将宪法规定化为生活中实实在在的现实，起到保障公民权利和自由的作用。例如，齐玉玲、罗彩霞被人冒名顶替上大学，宪法赋予她们的姓名权和受教育权就受到了侵害；张先著因携带乙肝病毒被拒绝录用，他的平等权和劳动权就受到了侵害；秦中飞因一条手机短信而遭受牢狱之灾，他的言论自由就受到侵害。2003 年广州孙志刚事件用一个年轻生命换来中国法治的巨大进步。

2003 年广州孙志刚事件用一个年轻生命换来中国法治的巨大进步。中国的公民意识已经进入权利时代。只有宪法精神在我们的神经中枢里至高的闪耀，法律的传播在我们的脉络中无阻畅通，法律才能写出一个大写的公民。

看完情景剧场《阿普说宪法》后，你是否有很多要说的话？请结合你的内心感受，回答下列问题。

1. 宪法在法律体系中的地位如何？

____

____

____

____

2. 为什么说宪法的内容“顶天立地”？

____

____

3. 宪法规定和保障我国公民的哪些基本权利？

请认真阅读案例，并结合实际谈谈你的认识或得到的教育启示，发表自己的评论。

案例　权利的保障和行使

2006 年 9 月，重庆市彭水县教委借调干部秦中飞填了一首名为《沁园春 · 彭水》的手机短信，针砭当地时弊。公安人员认为短信影射了县领导，在县领导的指示下，秦中飞被刑事拘留，继而又被批捕，引起舆论广泛关注。有关部门随即展开调查。2006 年 10 月 24 日，彭水县司法机关认定秦中飞无罪，撤消此案，并向他道歉、发放国家赔偿金 2125.7 元。参加两会的一些全国人大代表和全国政协委员说，发生在重庆市的"彭水诗案"堪称现代版的"文字狱"，是民主法治时代粗暴压制言论自由的行为，是一起重大违宪和侵犯人权的事件。地方政府领导滥用公权，必须得到应有惩罚和相关责任追究。该案成为保障中国公民言论自由的一个标志性事件。

秦火火，原名秦志晖，男，30 岁，湖南省衡南县香花村人，高中毕业。他利用互联网蓄意制造传播谣言、恶意侵害他人名誉，非法攫取经济利益。例如，"7 · 23"动车事故发生后，他故意编造、散布中国政府花 2 亿元天价赔偿外籍旅客的谣言，2 个小时就被转发 1.2 万次，挑动民众对政府的不满情绪；他编造雷锋生活奢侈情节，污称这一道德楷模的形象完全是由国家制造的；他利用"郭美美炫富事件"蓄意炒作，编造了一些地方公务员被要求必须向红十字会捐款的谣言，恶意攻击中国的慈善救援制度；他捏造全国残联主席张海迪拥有日本国籍。2013 年 8 月，秦火火因涉嫌寻衅滋事罪和非法经营罪被北京警方刑事拘留。

1. 读完案例后想一想："彭水诗案"发生的原因是什么？秦火火为什么被刑事拘留？

____

____

____

____

____

2. 这个案件带给你怎样的启示？

____

____

____

____

____

____

____

____

俗话说："国家兴亡，匹夫有责"，维护宪法权威也是如此，它需要每一个国家公民的积极参与。在生活和学习中，你是如何做的呢？你对宪法了解吗？你的宪法意识强吗？请你参考以下调查问卷，给自己一个公正的评价。

公民宪法意识调查问卷

（以下题目均为单选）

1. 您的性别：（　　）

   A. 男　　　　B. 女

2. 您的出生年份：（　　）

   A. 1995—1999　　　　B. 2000 年以后

3. 您知道现行宪法是哪一年颁布的吗？（　　）

A. 1978 年　　B. 1982 年　　C. 1954 年

D. 1949 年　　E. 不知道

4. 您家里有没有我国现行宪法文本？您有没有完整地读过我国宪法文本？（　　）

A. 有；完整地读过　　B. 有；没有完整地读过

C. 没有；完整地读过　　D. 没有；没有完整地读过

5. 您认为我国宪法有没有发挥作用？（　　）

A. 发挥了很大作用　　B. 发挥了一点作用

C. 没发挥作用　　D. 不知道

6. 您认为我国宪法存在的主要问题是：（　　）

A. 宪法文本规定的不好　　B. 宪法实施的不好

C. 没有问题　　D. 不知道

7. 您在日常生活中是否会用宪法来保护自己的权益？（　　）

A. 会用　　B. 不会用

C. 想用但不知道怎么用　　D. 没想过这个问题

8. 您认为我们的日常生活中存在违宪的事情吗？

A. 有一些　　B. 很多　　C. 没有　　D. 不知道

9. 您属于下列民族中的哪一个？（　　）

A. 中华民族　　B. 汉族　　C. 少数民族　　D. 都不是

10. 您更认同我国宪法中的哪一个特点？（　　）

A. 社会主义　　B. 共和制　　C. 人民民主专政

D. 民主集中制　　E. 尊重和保障人权

11. 我国现行宪法在过去已经修改了四次，您认为是否还有必要再次修改？（　　）

A. 应当修改　　B. 没必要修改　　C. 重新制定都可以　　D. 不知道

参考以上调查问卷，请你评价一下自身的宪法意识，主要体现在哪些方面？

____

____

____

____

成长目标

为了进一步加强自身的宪法意识，今后我还需做到：________

教师寄语：________

实践体验

1. 维护宪法权威，当好国家公民，以实际行动争做宪法的学习者、宣传者和践行者。请围绕“增强宪法意识，推动科学发展，促进社会和谐”为主题出一期手抄报。每位同学的作品要拍成照片上传到《职业道德与法律》网站。在班级中评选出10名优秀作品张贴在班级宣传栏中，便于同学之间相互交流、学习。

2. 以小组为单位，举行“争做宪法宣传小使者”主题活动。例如，利用自习课时间进行《强化宪法意识、坚持以人为本、切实保障人权》知识测试；通过悬挂宣传横幅、宣传橱窗、小广播等方式教育身边同学学做一个“知法、守法、用法、护法”的合法公民。在校园中营造增强

宪法观念、维护宪法尊严、保证宪法实施，构建和谐校园的良好氛围。

我们小组举行的活动内容是：________________

我们小组举行的活动过程是：________________

____

____

____

____

____

____

____

通过活动我的感受是：________________

____

____

____

____

____

____

____

____

____

____

____

素质评价

通过本课学习，完成关于争当合格公民的自评与他评表。

行为目标	自评			家长评			老师评		
	O	S	L	O	S	L	O	S	L
1. 学法知法：通过上网查找宪法全文并阅读，相互交流感兴趣的条文									

续表

行为目标	自评			家长评			老师评		
	O	S	L	O	S	L	O	S	L
2. 懂法爱法：上网查找孙志刚案始末，领会该案实质，并能向他人宣讲；十八届三中全会决定废止劳动教养制度，为什么要废止该制度？请上网查找相关资料，并能向他人宣讲									
3. 护法用法：关注法治事件，有维权意识，并愿意为之付出努力，在评价生活中的是非对错时，不唯权，不唯众，一切以法律为准绳									
总分									

填写说明：（1）O、S、L 分别是 On（很好）、Short（良好）、Long（稍差）的缩写，是品德养成结果主观测评的一种简便标记符号。（2）总分=O 的个数×3+S 的个数×2+L 的个数×1。

规划未来

通过自我反思，并了解了家长的看法、知道老师的评价后，我今后的努力方向是：

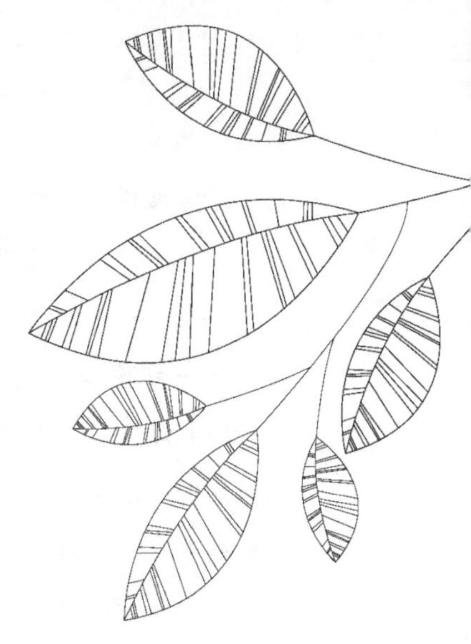

第8课

崇尚程序正义，依法维护权益

Chapter 8

素质目标

法律是维护公平正义的。在社会中解决冲突，实现公平正义的手段就是诉讼。我们不仅要了解诉讼的基本程序，知道证据的重要性，学会依法维护自身权益，更要深刻理解法律程序对维护社会公平正义的作用，树立程序正义的理念和法治至上的观念。作为国家的公民，我们的合法权益依法不受侵犯；但当我们的权利受侵犯时，要通过法律途径、遵守法律程序来维权，以实际行动弘扬法治精神。

情景剧场

纽伦堡审判

第二次世界大战临近结束时，纳粹德国政权已经崩溃，但纳粹阴魂尚未散去，一些普通的德国士兵认为，自己虽参与了战争，但那是作为一名德国公民履行自己保卫祖国的义务，不是犯罪行为。如何处理罪孽深重的纳粹分子引起激烈争论，有人主张活埋，有人主张不经审判就处决。美国大法官罗伯特·杰克逊坚持必须举行一次公开、公平、公正的审判，他尖锐地指出："如果你们认为在战胜者未经审判的情况下可以任意处死一个人的话，那么，法庭和审判就没有存在的必要，人们将对法律丧失信仰和尊重，因为法庭建立的目的原本就是要让人服罪。"在这种情况下，再也没有什么比审判，比法庭证据展示、法庭辩论和判决更能挖掘历史真相、实现公平正义了。最后战胜国美、英、法、苏决定组成国际法庭在德国纽伦堡举行国际战争犯罪审判。

1945 年 11 月 20 日上午 10 时不到，3 组辩护律师相继走出电梯，鱼贯而入 600 号房间——纽伦堡审判现场，一个精心准备的国际法庭。

审判席上，来自不同战胜国的法官端坐在那里。苏联的法官身穿褐色戎装，美国、英国和法国的法官都是身穿黑色长袍。法庭内，厚重的灰色丝绒窗帘垂下来，遮住了纽伦堡深秋的天际，一排排的木头长凳被漆成了深木色。整个法庭展现在全世界面前的气氛，正如杰克逊法官所描述的，是“忧郁的庄严”。

21 名纳粹分子被告坐在被告席上。旁听席上挤满了人，250 名记者在现场飞快地记着笔记，全世界都在注视着这个审判。

戈林，这个在纳粹党中的地位仅次于希特勒的前第三帝国空军总司令，在被审判过程中百般狡辩，拒不认罪。在此次审判中，法庭总共彻底审查了近 10 万份文件（其中包括 3000 多份原始材料）、10 万英尺胶片以及 2.5 万张图片。控辩双方提交了 3 万份复印资料，打印出的页数多达 5000 万。整个庭审录像的胶片长达数英里，相关的磁带也有 4 千盘。已发表的庭审记录的副本有 1.7 万页。大量的控诉材料和堆积如山的证据向人们展现了希特勒政府的种种暴行。法庭在审判期间还听取了幸存者的证词，放映了记录集中营惨状的纪录片，有组织的、残忍的杀戮令人震惊。当法庭出示这些纳粹屠夫疯狂建造杀人集中营罪证的时候，法庭中有的人落泪了，形势开始发生变化。

1946 年 10 月 1 日下午，纽伦堡欧洲国际军事法庭闭庭。经过 218 天的审判，216 次开庭，最终有 18 个纳粹分子被判以“战争罪”和“反人类罪”，其中 11 人被判处死刑。对德国来说，纽伦堡审判是黑暗历史的结束，也是同纳粹的过去划清界线的开始。大多数人（包括德国人在内）对审判的过程和结果都感到信服，认为纽伦堡审判实现了正义。

看完情景剧场《纽伦堡审判》后，你是否有很多要说的话？请结合你的内心感受，回答下列问题。

1. 为什么要对这些罪恶深重的纳粹分子进行审判，而不是直接处决？

____

____

____

____

2. 哪些细节体现纽伦堡审判的公正、公平、公开？

3. 在这次审判中，检察官提供了哪些证据？证据对于案件的审理有什么作用？

4. 为什么大多数人（包括德国人在内）认为纽伦堡审判实现了正义？

5. 程序正义有什么作用？

评论交流

请认真阅读案例，并结合实际谈谈你的认识或得到的教育启示，发表自己的评论。

案例　欠款还没还 证据说了算

借债还钱本是天经地义的事情，可现实中总有人想出各种招数赖账不还。还有些人，可能还了钱，可没有保留凭证，结果被告上了法院。

邓军是某公司的老板。2010 年 4 月 30 日，生意场上的朋友阿红因资金一时周转不过来，找到邓军要借 5 万元，借款期限为两个月。邓军见大家一直在业务上都有往来，当天同意借钱给阿红，阿红也写下一张 5 万元的欠条给邓军。两个月期限已过，邓军并没有收到阿红的还款。经多次催促，阿红一直没还借款。今年初，邓军将阿红告上江南区法院，要求阿红还钱。法庭上，阿红对邓军手中的欠条无异议。可阿红却辩称，2010 年 7 月 1 日，她以现金的形式还了邓军的借款，只是收条找不到了。经审理法院认为，阿红向邓军借款，有《借款借据》予以证实。可阿红说她以现金形式还款，则没有证据予以证实。近日，法院判决，阿红要如数偿还借款。

现实中，有不少朋友熟人之间的借款往来，很多人不打借条，或者还钱后，也忘了拿回借条。这些看似简单的“条子”，很多人并不当回事。可到了法庭上，这些“条子”就是关键的证据，能证明当事人的行为。如果你不注意保存好这些证据，有时就只能吃“哑巴亏”。

1. 读完案例想一想：阿红为什么输了官司？民事诉讼中实行怎样的举证原则？

____

____

____

____

____

2. 证据是确认事实的支柱。结合这个案件，谈谈你的感受。

____

____

____

____

____

____

自我反思

程序正义是法治国家的标志，是人治向法治转变的助推器。由于长期受到封建人治思想的影响，社会上存在“重实体、轻程序”的错误思想。例如戏曲《铡包勉》，上百年来人们赞扬包公不徇私情，大义灭亲，却没有人质疑，本案证据是否充足，可否由包公本人审理等程序问题。如果程序不公正，那判决结果是不是也会不公正呢？

1. 想一想：在生活中遇到同学之间产生矛盾，需要你解决纠纷时，在程序上你是如何做的，效果如何呢？

2. 想一想：在生活中你有没有遇到权利被侵害的情况，你是采用什么方式维权的呢？在维权的过程中你又是怎样留存、使用证据的呢？

成长目标

为了进一步加强自身的程序意识和维权意识，今后我还需做到：

教师寄语：

实践体验

1. 崇尚程序正义，是依法治国的要求。结合本课内容，自拟一份“程序法知识测试题”，以小组为单位在周边小学、社区发放，调查社会中对程序正义和程序法的知晓程度，在总结分析的基础上，写一份《某某小学（社区）程序法知识调查报告》。

2. 程序正义，重在有法必依。以班级为单位，自主学习三大诉讼法，举行“崇尚程序正义，依法维护权益”知识竞赛。首先进行小组推荐，每个小组推荐 2 名参赛同学；其次班内初赛，选出三名同学参加决赛；最后每班三名同学参加学校决赛，决出团体冠军、亚军、季军。

通过活动我的感受是：

3. 参观学校附近法庭，观摩法庭审判，从中体会审判程序的公开、公正、公平，进一步理解法律程序对司法公正、保障人权，民主正义的作用。请把你参观的过程和感受写下来。

4. 在班级内开展一次“模拟法庭”活动，注意在审判过程中严格遵守诉讼法的规定，充分体现程序正义。

活动的过程是：

通过活动我的感受是：

素质评价

通过本课学习，完成关于程序法律素质的自评与他评表。

行为目标	自评			家长评			老师评		
	O	S	L	O	S	L	O	S	L
1. 学法知法：通过上网查找三大诉讼法，特别是 2013 年对民事诉讼法和刑事诉讼法做出的修改，相互交流感兴趣的条文									
2. 懂法爱法：关注近期发生的法律热点事件，并能向他人进行法治精神的宣讲									
3. 护法用法：关注法治事件，有维权意识，会运用程序法的相关规定维护自身合法权益，在评价生活中的是非对错时，不仅以实体法为准绳，还要看是否符合程序法									
总分									

填写说明：（1）O、S、L 分别是 On（很好）、Short（良好）、Long（稍差）的缩写，是品德养成结果主观测评的一种简便标记符号。（2）总分=O 的个数×3+S 的个数×2+L 的个数×1。

规划未来

通过自我反思，并了解了家长的看法、知道老师的评价后，我今后的努力方向是：

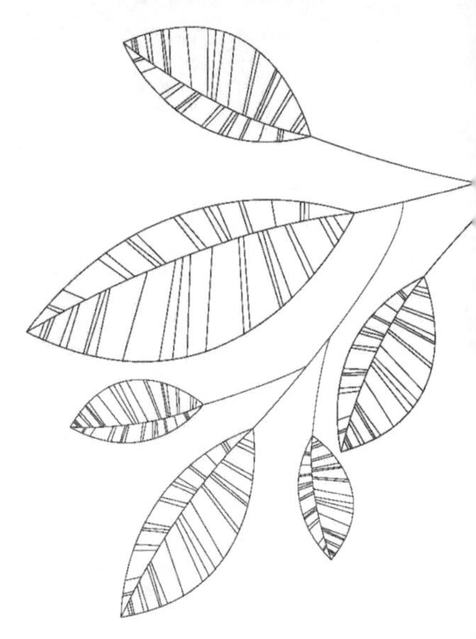

第4单元

自觉依法律己，避免违法犯罪

俗话说：“不以规矩，不能成方圆。”在一个法制国家，人人都应敬畏法律，视法律为神圣的准则。正是因为有了各种法律、法规的存在和约束，我们的生活才能有条不紊地进行，我们的社会才能长治久安。

遵纪守法是公民应尽的社会责任和道德义务。遵纪守法，就要树立宪法意识和法制观念，严格遵守宪法和法律；对我们普通公民来说，遵纪守法可以作为我们的日常行为准则，也可以作为人生信条，当法与情无法两全时，我们必须用清醒的头脑思考，以国家和集体的利益为重，坚持“有法必依”“违法必究”，做到不偏私、不盲从。要做到遵纪守法，首先必须学法懂法，并将其落实到我们的行动上。作为公民，我们不仅要学习法律，还应该履行我们的义务，做到遵纪守法；也要行使权利，指出违法行为。

学校也有学校的“法”，学校里的“法律”既包括国家的各种法令法规，也包括学校的各项规章制度、纪律条令。现如今青少年犯法已成为我国严重的社会问题之一，学法、懂法、守法、用法势在必行。作为21世纪的中职生，在学习和生活中，都应树立以遵纪守法为荣、以违法乱纪为耻的牢固观念，摆正自己的位置，端正自己的态度。一个真正有教养的人，是一个爱自己、爱他人、爱社会、爱国家、爱民族的人。严于律己，宽以待人，生活才会更加美好。让我们从现在做起，从身边做起，一起携起手来，共同营造一个美好的明天，做一个遵纪守法的合格中职生。

第9课

预防一般违法行为

Chapter 9

中职生不论在生理上还是在心理上都尚未完全成熟，人生观、世界观也尚未完全形成。这个时期，他们极易受到外界的不良影响，养成不良习惯，实施不良行为，甚至构成违法犯罪。这就要求我们增强道德意识和法治观念，认清违法行为的危害，严格守法，杜绝不良行为，避免踏入法律的“雷区”。

违法行为与自我防范

情景一：散布谣言被行拘

2013年4月20日12点50分，一自称地震局内部人员的网民在百度贴吧发帖散布谣言，称“4月20日芦山7级只是前震，成都将于4月22日发生9.2级地震。”该消息发出后，成都市公安局及时查出造谣者，并依据《中华人民共和国治安管理处罚法》，对散布谣言、扰乱公共秩序的该名造谣者予以行政拘留。警方提醒市民：不要轻信网上谣言，更不要在网上传播没有任何事实根据的谣言。

情景二：“90”后少年殴打七旬老人

3个90后少年，对年近七旬的老人拳打脚踢，连劝架的老人也不放过。如此恶劣的行为被网络曝光后，很多网友纷纷谴责打人少年。视频中戴帽子的老人叫卞锡生，今年67岁，是老年活动室的管理员。另一个被打的老人叫戴路福，今年已经70岁。原来卞师傅看到这几个少年到活动室来捣乱，就告诉了他们的家长。少年认为老人告恶状，于是上门讨说法，对着卞师傅就是一顿打骂，连一旁劝架的戴师傅也遭到殴打。事后，他们的家长向老人们赔礼道歉。目前，根据治安管理处罚法及相关解释规定，双方已经达成协议愿意调解。

情景三：游戏赌博点未开业就被端掉

前不久，某小区南侧一个可疑的台球厅引起居民的注意。这个台球厅悄悄地改成了游戏厅，游戏厅里的"游戏机"其实是赌博机。在这附近有两所学校，这让居民十分担心。在游戏厅准备营业时，负责人高某被"请"进了派出所。高某说虽然还没正式营业，但已经有学生找上了门。由于高某为赌博提供条件，违反了治安管理处罚法，被依法行政拘留。

情境四：预防未成年人犯罪需要自我防范

预防未成年人犯罪应当全社会齐抓共管，但不应忽视未成年人自身在预防和抵制犯罪方面的重要作用。

小然和小鹏是好朋友，小鹏要带小然去见千哥。千哥是一个混迹社会的不良青年，小鹏经常跟千哥厮混。今天，千哥要带小鹏、小然干什么呢？原来千哥故意把坏了的游戏机借给赵某，并诬陷是赵某弄坏的，借此向赵某索赔。千哥带着小鹏、小然找到赵某。赵某不答应索赔，于是千哥企图抢劫赵某的项链，并要求小鹏、小然帮忙。小然见此惊慌失措，匆匆跑掉。

未成年人是社会中的弱势群体，容易受到不法侵害，为此，国家已制定相关法律法规，要求外部力量全力保护未成年人的权益。但要使未成年人身心真正得到健康发展，达到预防犯罪的目的，需要未成年人自身的内在努力：一要知法懂法；二要遵纪守法，依法自律；三要增强自我保护的防范意识；四要学会运用法律武器保护自己的合法权益。只有自我保护的意识提高了，能力增强了，全面素质得到了发展，未成年人才能避免误入歧途。

思考导航

看完情景剧场的4个短片后，你是否有很多要说的话？请结合你的内心感受，回答下列问题。

1. 情境一中散布地震谣言会产生什么样的社会危害？

____

____

____

2. 你认为情境二中少年殴打老人的行为是犯错，由家长教育即可，还是已经违反了法律？

3. 在情境三中，如果学生沉湎于赌博机中，可能会发生什么严重后果？

4. 情境四中，小然为什么能跑掉，而小鹏却参与了抢劫？在预防违法犯罪时，如何筑起内心的防线？

评论交流

请认真阅读案例，并结合实际谈谈你的认识或得到的教育启示，发表自己的评论。

案例一　“偷拍”非小事，后果很严重

这几年，可拍照手机渐渐兴起，这对于手机用户而言，无疑是件值得庆幸的事，可偏

偏给另一些人制造了尴尬。现在个别网站流传着手机偷拍的暴露照片，这种行为引起了社会各界的愤慨。我国法律对“偷拍”的行为如何定性？在公众场合偷拍是否违法？

法律专家认为，偷拍行为，是违法行为。

首先，这是对他人权利的一种侵权行为。因为人自身有身体权、健康权、生命权、名誉权等很多的人格权，偷拍侵害的实际上是属于身体权和人格权的一部分。没有经过别人的同意，是没有权利公开的。但是一般被侵权的主体是不特定的，因此这个行为实质上扰乱了社会生活秩序，尤其构成对妇女群体整体上的威胁。以手机偷拍得来的女性胸部、臀部、腿部的照片，就是与身体有关的内容，这些都属于法律保护的范畴。受害人可以根据我国民事法律要求对方承担停止侵害、赔礼道歉、消除影响、赔偿损失等民事赔偿。

其次，我国《治安管理处罚法》第四十二条规定对偷窥、偷拍、窃听、散布他人隐私的，处五日以下拘留或者五百元以下罚款；情节较重的，处五日以上十日以下拘留，可以并处五百元以下罚款。例如，南京一男子在新街口一地下过街通道内偷拍女性“裙底风光”时，被巡逻民警抓获。警方在他的数码相机内，发现60多张女性穿着内裤的照片，该男子被治安拘留10天。

偷拍是违法侵权的一种行为，那么如果再把这个偷拍的照片在网上发表，其严重性大大增加，根据情节和严重程度，则有可能构成犯罪。

1. 读完案例一请思考：“偷拍”这种行为有什么社会危害？可能触犯哪些法律？

2. 什么是违法行为？为什么说“偷拍”非小事，后果很严重？

3. 什么是违反治安管理的行为，可分为几大类？对违反治安管理行为有哪些处罚方式？

案例二　杜绝不良行为 远离违法犯罪

据统计，在我国，25周岁以下的人犯罪占犯罪总数的70%以上，其中十五六岁少年犯罪案件又占到了青少年犯罪案件总数的70%以上。这些犯罪行为的形成，除了受某些外界因素影响外，青少年违法犯罪的自身原因很重要。例如，平时有不良行为、经常搞恶作剧，有的会发展到有意或无意识地伤害别人；欣赏“哥儿们义气”，与社会上有劣迹的青少年拉帮结伙，结“拜把子兄弟”；从冒险、游乐到离家出走、侵犯他人权益，逐渐发展到违法犯罪；从小娇生惯养，在家是“小皇帝”，在外称王称霸乃至行凶打人；小偷小摸会发展成盗窃抢劫。因此，我们要学会辨别，学会拒绝，才能学会自我保护，否则一旦触犯法律，就会造成“一失足成千古恨”的遗憾，后悔莫及！

一个犯过罪的人，他未来的路将会怎么样，他们将会为此付出什么样的代价呢？在职业发展方面，他们将受到以下限制：第一，我国《公司法》规定，因犯罪被判处刑罚的不得担任公司的董事监事、经理；第二，我国《公务员法》规定，曾因犯罪受过刑事处罚的，不得录用为公务员；第三，我国《教师法》规定，受过剥夺政治权利或因故意犯罪受过有徒刑以上处罚的，不得取得教师资格，已经取得教师资格的，丧失教师资格；第四，我国《执业医师法》规定，因受过刑事处罚，自刑罚执行完毕之日起至申请注册之日止不满二年的，不予注册；第五，我国《中国公民出境入境管理法》规定，刑事案件的被告人和公安机关或者人民检察院或者人民法院认定的犯罪嫌疑人、被判处刑罚正在服刑的不批准出境；第六，我国《法官法》《检察官法》都规定，曾因犯罪受过刑事处罚的不得担任法官、检察官；第七，《中华人民共和国律师法》规定，受过刑罚处罚的不予颁发律师执业证书。此外，在入学、入伍等方面，都会受到影响。

如何避免这样的事情呢？生活中发生矛盾是正常的事，关键是看你如何去处理问题。

发生问题及时与班主任沟通，相信老师，相信学校一定会给予合理处理，不要盲目听从别人，讲哥们义气，找人出气，结果都是两败俱伤。当你看到别人要对同学造成伤害时，应及时制止，并迅速报告老师，防止事态进一步扩大。对发生的事情要有宽容、理解、忍耐的气量。气量，又称度量，是指一个人对人对事宽容忍让的限度。总之，我们要做到慎交友、立大志、善独思，要敢于维权，杜绝不良行为，远离违法犯罪。

1. 什么是不良行为？未成年人的哪些行为属于不良行为，哪些属于严重不良行为？

____

____

____

____

____

2. 在我们人生最美好的时期，怎样避免“一失足成千古恨”的遗憾发生？

____

____

____

____

____

____

自我反思

违反治安管理的行为，由于其危害性不大，处罚也不重，有些人受到侵害后自认倒霉，不去追究违法者的责任；有些人实施了违反治安管理的行为，自以为只是犯个小错，不知已经违法。因此，这类违法行为具有一定的隐蔽性，不易防范。

1. 想一想：在生活中有哪些行为是违反了《治安管理处罚法》？你参与过这些行为吗？如果参与过，下一步你该怎样做？

____

____

____

____

2. 想一想：在生活中你的合法权益有没有受到过这些行为的侵害，你是采用什么方式维权的呢？

成长目标

为了进一步在内心筑起防线，远离违法行为，今后我还需做到：

教师寄语：

实践体验

同学们，你们是祖国的明天，也是家庭的希望。老师和家长们都希望你们都成为“优质品”，而不是“危险品”。但是古话说：千里之堤毁于蚁穴。小错不改，终将铸成大错，甚至导致违法犯罪。

1. 请自查自纠，看看是否存在下列不良行为。

不良行为	有或无	改正或加勉措施
给同学起不雅绰号，辱骂他人		
在学校里打架斗殴		
未经请假夜不归宿		
旷课		
故意毁坏桌椅、门窗等学校财物		
参与赌博		
强行向他人索要财物		
进入网吧以及未成年人不适宜的营业性舞厅		

2. “黄、赌、毒”这些腐朽思想的毒瘤近几年有死灰复燃之势，成为社会公害。这些恶魔将无数青少年带入犯罪的深渊，也带走了无数家庭的幸福。在下列情境中，你会怎样做，才能抵制“黄、赌、毒”的诱惑？同学之间相互交流，看谁的内心防线最坚固。

情景一　角落里，一个人向你推销黄色书刊。

情景二　迪厅里，有人递上奇怪的“香烟”。

情景三　同学邀请你参与赌球类活动。

我的做法是：____

____

____

____

____

____

通过活动我的感受是：____

____

____

____

____

____

____

3. 拥有一部能上网的手机已经是一件非常普通的事情，但是我们在享受手机上网便捷的同时，泛滥的“黄毒”也在以同样快捷的方式向我们“逼近”……“手机涉黄”已经引起全社会的关注：全国“扫黄打非”工作小组办公室开展打击手机网站传播淫秽色情信息专项行动，并明确提出将采取加强宣传教育、集中清理网站、深入查办案件、抓好源头治理、强化技术防范、严格问责制度六大措施以治理、净化手机网络环境。阅读材料，运用所学知识回答下列问题。

（1）为什么要在全国开展打击手机网站传播淫秽色情信息专项行动?

____

____

____

____

____

____

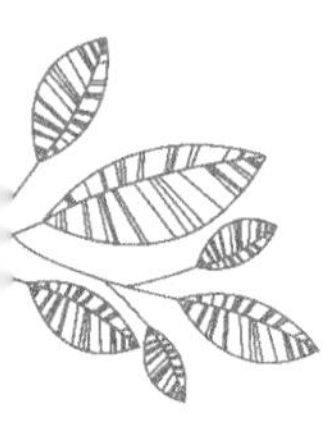

（2）如果你使用手机上网时遇到了低俗内容，你应该怎么办？请简要说明理由。

____

____

____

____

____

____

素质评价 通过本课学习，完成关于预防一般违法行为的自评与他评表。

行为目标	自评			家长评			老师评		
	O	S	L	O	S	L	O	S	L
1．学法知法：通过上网查找、学习《治安管理处罚法》，相互交流感兴趣的条文									
2．懂法爱法：关注近期发生的法律热点事件，并能向他人进行《治安管理处罚法》精神的宣讲，能自觉抵制“黄赌毒”违法行为的诱惑，用法治观念筑起内心防线									
3．护法用法：会运用治安管理处罚法的相关规定维护自身合法权益，能运用所学知识评价生活中的行为是否违法，是何种类型的违法									
总分									

填写说明：（1）O、S、L 分别是 On（很好）、Short（良好）、Long（稍差）的缩写，是品德养成结果主观测评的一种简便标记符号。（2）总分=O 的个数×3+S 的个数×2+L 的个数×1。

规划未来 通过自我反思，并了解了家长的看法、知道老师的评价后，我今后的努力方向是：______________________________

____

____

____

____

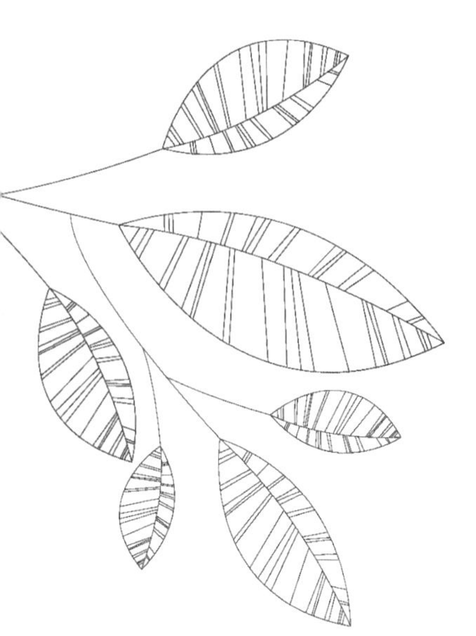

第10课

避免误入犯罪歧途

Chapter 10

犯罪是最为严重的一种违法行为，可造成极大的社会危害，会受到严厉的法律制裁，是我们成长道路上最凶险的陷阱。因此，我们要学习刑法知识，探究未成年人犯罪的主观原因，自觉预防犯罪。同时，培养与犯罪行为作斗争的品质，面对违法犯罪行为时，要敢于见义勇为，更要学会见义智为。对于职业活动中的各种腐败导致的犯罪，也要树立防范意识。

罪与罚

情景一：实施抢劫，竟不知是犯罪

15岁的阿军因为旷课出去玩，又没钱坐车，于是就去抢劫小学生，被法院以抢劫罪判处有期徒刑十个月，缓刑一年。在阿军的脑海里，“抢”并不是一个涉嫌违法犯罪的行为。办案法官说这类案件并不少见。有的在校学生被高年级的学生索要过钱，他也这样向低年级的同学索要钱物。但是他并不知道，在这个过程中行为的暴力程度有可能已达到犯罪的程度，或者造成的后果达到犯罪的程度。因为缺乏法治观念，结果只因抢劫十几块钱，甚至几块钱，而被判入狱，这样的情况实在令人痛惜。

情景二："醉驾""飙车"入刑

2011年2月25日，第十一届全国人民代表大会常务委员会第十九次会议通过了《中华人民共和国刑法修正案（八）》，其中规定：在道路上驾驶机动车追逐竞驶，情节恶劣的，或者在道路上醉酒驾驶机动车的，处拘役，并处罚金。这一修改备受人们关注。根据最新规定，醉酒驾驶机动车，不管情节是否恶劣，是否造成严重后果，都将按照危险驾驶定罪。对这一新规，百姓和专家如何看待呢？

大多数受访者认为，酒后驾驶是对自己和他人的安全不负责任，因此，"醉驾"入刑对这类违法行为具有强大的威慑作用。作为驾驶人员，要对自己家庭负责，对路上行人负责，杜绝酒后开车，是利己利人的行为。

法律专家表示，随着汽车社会的到来，汽车等交通工具对公共安全的负面影响也日益凸显。像"醉驾"、"飙车"这些危险驾驶的行为对公共安全的危险性、危害性就更加突出，将其写入刑法，是维护公共安全的需要。刑法的职能之一就是维护社会公共安全。刑法修改之前，"醉驾"、"飙车"是交通违章行为，处罚方式为扣分，最多行政拘留十五天，不足以震慑违法者。这些处罚，跟"醉驾"、"飙车"行为潜在的危险性是不相称的。这次刑法修改加大了违法成本，有助于维护社会的公平正义。

看完情景剧场后，你是否有很多要说的话？请结合你的内心感受，回答下列问题。

1. 情境一中的阿军不知道自己的行为是犯罪，你知道什么是犯罪吗？犯罪具有哪些基本特征？你分析阿军走上犯罪道路的原因是什么？

____

____

____

____

____

____

____

____

____

____

2. 阿军犯罪时年仅15岁，是未成年人，法律往往给予更多的宽容，从上述案例中可以看出阿军得到了哪些宽容？

3. 阿军因为曾被高年级的同学索要钱物，没有正确对待，导致犯罪。如果是你面对他人强行索要钱物，你会怎么做？

4. 情境二中“醉驾”、“飙车”行为有什么危害性？从“醉驾”、“飙车”写入刑法，可以看出刑法具有什么样的作用？

5. 我国刑罚的种类有哪些？什么是主刑，什么是附加刑？上述情境中，阿军被判处怎样的刑罚？刑法对危险驾驶罪将处以何种刑罚？

请认真阅读案例，并结合实际谈谈你的认识或得到的教育启示，发表自己的评论。

案例 自我保护，远离性侵害

近年来频繁发生针对幼女的"校园性侵害"等犯罪行为，由于幼女身心、智力等方面尚未发育成熟，自我防护意识和能力低，易受犯罪侵害，且一旦遭受性侵害，会给其一生幸福蒙上阴影，危害后果十分严重。例如，被告人鲍某某利用教师身份，在2009年至2011年两年多时间里，以辅导学习、打扫卫生、打乒乓球等名义，将受害人骗至学校器材室、办公室和油印室等处，猥亵幼女7人数十次，并将其中6人奸淫数十次，还拍摄该6名幼女的裸照及被强奸的照片、视频。其行为的恶劣程度令人发指。法院依法判处被告人鲍某某死刑，剥夺政治权利终身。经最高人民法院复核核准，罪犯鲍某某已于近日被依法执行死刑。

如何自我保护，远离性侵害呢？人类会用身体接触来表达爱意，表达我们的亲密关系，父母的朋友同事在表达对孩子喜爱的时候也会与孩子有身体的接触，这样的身体接触让我们感受到爱与被爱，是好的接触。如果成人与我们身体接触的时候，成人身体的某个部位（手、生殖器）在我们身体的隐私部位反复触摸或者摩擦，这就是不好的接触。当我们遭遇不好的接触时，尽快冷静下来，然后想办法机智地离开。如果被性伤害，要做三件事情：立即告诉爸爸妈妈，报警，到医院检查身体情况。不要以跳楼等伤害自己生命的方式来抗争，应保护好自己的生命。

1. 被告人鲍某某为什么能长时间、多次实施犯罪行为？

____

____

____

____

2. 什么是正当防卫？正当防卫应符合哪些条件？

____

____

____

____

____

____

自我反思

青春期是人生花季，也是充满矛盾和困惑的时期。青春期成为犯罪的高发期，一方面由于这时的生理和心理发生了巨变，另一方面在人生观、道德观、法制观上出现了严重缺陷。

想一想：下列观点是否正确，为什么？

观　　点	是 否 正 确	原　　因
人生就是为了享乐		
全世界都对不起我		
勇敢就是打架不怕死		
为朋友两肋插刀是真正的友谊		
胆小怕事的人才会遵守法律		
我们还小，法官叔叔不会判我们刑的		

成长目标

青春拒绝犯罪，关键在自己走好人生路，今后我还需做到：

教师寄语：

实践体验

1. 15 岁是花一样的年龄，情景剧场中的阿军却走上了犯罪的道路，实在令人惋惜。但“浪子回头金不换”，人生的路还很长。请你给阿军写一封信，帮助他彻底认识错误，痛改前非。

2. 请上网查找未成年人犯罪、职务犯罪的案例材料，进行小组讨论，制作一期以“健康成长，远离犯罪”为主题的手抄报。

通过活动我的感受是：

3. 某社会青年团伙经常在红星中学附近游荡，趁学生放学之际，在背街小巷敲诈学生。面对他们的敲诈，同学们有以下几种办法：

（1）赶快掏钱给他们，免得挨打；

（2）先把钱给他们，然后找同学报复，再把钱要回来；

（3）先设法稳住他们，然后找机会报警。

你认为最好的办法是哪一种？理由是：

素质评价 通过本课学习，完成关于避免误入犯罪歧途的自评与他评表。

行为目标	自评			家长评			老师评		
	O	S	L	O	S	L	O	S	L
1. 学法知法：通过上网查找、学习《刑法》，相互交流感兴趣的条文									
2. 懂法爱法：关注近期发生的法律热点事件，并能向他人进行《刑法》精神的宣讲									
3. 护法用法：会运用《刑法》的相关规定维护自身合法权益，能运用所学知识评价生活中的行为是否构成犯罪，遇到犯罪行为，学会见义智为									
总分									

填写说明：（1）O、S、L 分别是 On（很好）、Short（良好）、Long（稍差）的缩写，是品德养成结果主观测评的一种简便标记符号。（2）总分=O 的个数×3+S 的个数×2+L 的个数×1。

规划未来 通过自我反思，并了解了家长的看法、知道老师的评价后，我今后的努力方向是：

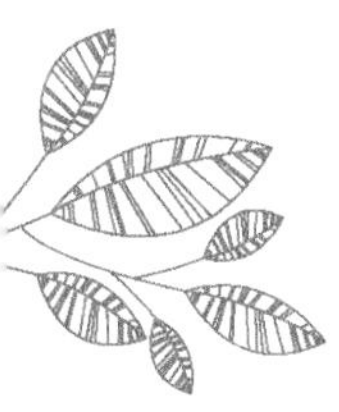

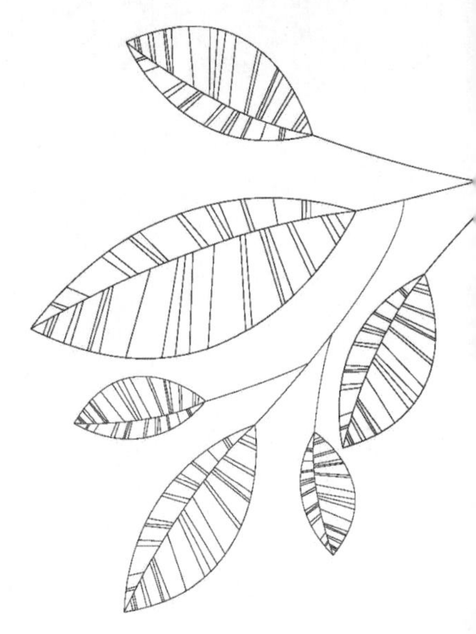

第5单元

依法从事民事经济活动，维护公平正义

同学们，从呱呱坠地时起，我们与父母形成亲子关系，具有了人格权；在未成年时，享有受监护、受教育等权利；成年之后，可以自主从事各种民事活动，如签订合同，购置财产，劳动就业，经营企业；达到法定年龄会结婚、生育，从而形成婚姻家庭关系；即使在去世之后，还会发生财产继承关系。

我们涵养道德，提高法律意识，就要依法律己、依法做事、依法维权。民事权利如影随形，伴随我们的一生。

我们该如何依法从事民事活动、公正处理民事关系？如何在经济活动中依法生产经营？

通过本单元的学习，我们将了解与自己生活关系密切的民事和经济方面的法律常识，进一步增强法律意识，更加崇尚公平正义，提高依法从事民事活动、经济活动的能力。

第 11 课

依法公正处理民事关系

Chapter 11

民法渗透于我们生活中的各种民事活动之中。中职生的生活经历主要是从家到校园，民事活动的经验并不丰富，所以通过本节课的学习，可以帮助同学们理解民事关系的概念、民法的基本原则，充分认识民法基本原则的重要性，并树立在民事活动中自觉遵守民法基本原则的意识，自觉运用民法规范自己的行为。

停车的烦恼

2001 年 9 月 2 日这一天，心情蛮不错的孔德顺开车出门，带着孩子来到郑州市有名的购物中心——金博大商场。

下面是记者采访孔德顺的话——“11 点半左右，我开车是从东门进来的，当时是星期天，车位比较少，就一个地方有一个位，我就把车停在那个地方，停车以后，没有人给我票，也没有人问我，我就进了金博大商场，到那儿转了一圈，然后到超市。”

孔德顺：“我是一点钟出来的，我把买的东西放到后备箱，这时孩子说饿了，我看看表是 1 点 24 分，放好东西以后我又拐回去，到四楼快餐厅去吃饭，吃饭后将近两点的时候，回来一看车就没有了。”

记者："买车不过半年，怎么能说没就没了，孔德顺当即就与管理该广场的金博大物业管理有限公司进行了一番理论，然而对方以没有责任为由，不予理睬，此后双方又为此事协商多次，也没有结果，无奈之下，孔德顺一纸诉状把金博大物业公司告上了法庭，卖车给孔德顺的亚宝公司也被此案牵扯进来。

2001年11月13日，郑州市二七区人民法院对此案进行了审理。

法院：本案原被告双方，未就车辆停放的性质进行任何约定，原告没有实际交付车辆的凭证，故未与被告形成保管法律关系，原告虽在被告广场的停车位中停放车辆，但并不形成当然的保管合同关系，故此原告的诉讼请求没有实施和法律依据，本院不予支持，依照《中华人民共和国民事诉讼法》第六十四条的规定，判决如下：驳回原告孔德顺的诉讼请求。一审判决后，原告和被告均未提起上诉，判决发生法律效力。

看完情景剧场"停车的烦恼"后，你是否有很多要说的话？请结合你的内心感受，回答下列问题。

1. 本案中的原告因停车带来了怎样的烦恼？

2. 公民享有哪些权利？本案中的原告什么权利受到了侵害？

3. 怎样的合同才具有法律效力？本案中的原告为什么败诉？

4. 什么是民事法律关系？我们的一生可能会遇到哪些民事关系？怎样处理这些民事关系才能让我们的一生都幸福？

评论交流

请认真阅读案例，并结合实际谈谈你的认识或得到的教育启示，发表自己的评论。

案例一　中奖

商场搞有奖销售活动，15 岁的儿子买 20 元洗发水，中了 8000 元，母亲和他一起去领奖，领奖回来后儿子偷偷拿走 7800 元买了一台计算机，母亲想用这钱买化妆品的时候发现钱被儿子花了，她要去找商家想把钱要回来。

1. 儿子买洗发水合法吗？奖金归谁？为什么？

2. 儿子买计算机合法吗？母亲要求退货合理吗？为什么？

3. 母亲要用这钱买化妆品，合法吗？

4. 这个案例里有哪些法律关系？

案例二　丢钱

出租车司机李某应旅客王某的要求将其送往火车站，王某下车时不小心将钱包丢在了出租车上，李某发现后，打开一看，内有5000元现金，这时，他正好从收音机里得知某大学的学生因患白血病而向社会求助，李某就产生了将这笔意外之财捐给患病学生的想法，于是就将5000元现金寄给这位大学生用以治病。王某下车后发现钱包不见了，经回忆丢在了出租车上，于是他根据票上的车号找到了李某，要求返还5000元现金。

1. 李某该不该把钱返还给王某？

2. 王某可以通过什么途径解决这个问题？

案例三　女子遭家暴患精神病

2011年7月，青岛的李先生找到《生活在线》栏目说，他的姐姐李燕萍十几年前患上了精神病，而姐夫不但没有照顾姐姐，反而背着家人和姐姐办理了离婚手续，并把所有财产划到自己名下，让姐姐净身出户。按理说，就算要离婚，姐姐也应该得到自己拥有的财产和补偿。当时记者和李先生一起找到了他的姐夫，可俩人一见面就吵得面红耳赤，最终还是没有讨论出个结果，李先生决定通过法律手段，帮姐姐讨一个公道！一年多的时间过去了，事情又有了怎样的结果呢？

婚姻不仅仅是一个名分、一段关系，更是责任和义务，就算爱情逝去，还有亲情维系。更何况李先生的姐姐还患有疾病，作为另一半，是不是也该替对方想想呢？李先生说：我们到市南区法院提起上诉，用了一年的时间，判决下来了，判了离婚协议失效。男方吕芳泉不服一审判决，上诉到中院，终审判决下来，还是维持区法院的判决。

维持原判，也就意味着双方依然是合法的夫妻关系。可如今，在这个做弟弟的看来，姐姐姐夫的婚姻仍然是岌岌可危。李先生说：判下来以后，吕芳泉现在对我姐的病情还是不管不问，我姐现在收入很低，月工资才700多元，根本承担不起现在的治疗。

姐姐名叫李燕萍，十多年前，她患上了偏执型分裂症，属于二级精神残疾，发病时狂躁暴力，家人觉得，李燕萍的得病和她丈夫有很大的关系。李先生说：到医院检查，一开始是精神忧郁，后来是精神分裂。其实我姐姐得病和吕芳泉有直接关系。李燕萍的母亲说：吕芳泉虐待她，这个孩子太老实了，有时候嘴都被打歪了，她就不告诉我是她丈夫打的。

李先生说，自打姐姐得病之后，姐夫对她的关心越来越少，2011年6月，他甚至向民政部门隐瞒妻子有精神病的实情，背着家人偷偷办理了离婚手续，并在协议中写明，房子及家中的一切财产都归自己所有，如此霸道的离婚协议，让李先生一家彻底寒了心。

在医院附近的小公园里，记者见到了李燕萍，经过了最近2个多月的治疗，她的精神状况明显有了好转。可十多年的疏远，丈夫这个角色在她眼中已经彻底失去了意义。李燕萍说：这期间丈夫一次也没看过她，觉得和陌生人一样，甚至连陌生人都不如。

李先生说，为了姐姐的将来，他愿意和姐夫坐下来好好谈谈，可姐夫却一再避而不见。李先生该如何为姐姐争取合法权益？吕芳泉是否该承担妻子的住院费呢？记者咨询了律师。律师说：夫妻之间的抚养义务是法定的，这个义务是具有强制性的，如果说吕芳泉拒不履行，李女士可以通过调解或者诉讼程序，要求对方支付抚养费，如果对方又能力支付而不支付情节恶劣的话，根据刑法的相关规定，可以追究其刑事责任。如果夫妻之间没有感情，李女士的法定监护人可以代理她去起诉，要求解除婚姻关系，按照法律规定，如果解除婚姻关系，法院会考虑李女士的情况，如房子居住上和生活的安排上，这样李女士今后的生活就有了保障。

1. 本案中的姐姐李燕萍得精神病的原因是什么？

2. 李燕萍丈夫提出离婚为什么法院不予判决？

3. 李燕萍应该怎样争取自己的合法权益？

4. 结婚的条件有哪些？

5. 夫妻关系之间、父母子女关系之间有着怎样的权利义务关系？

自我反思

在生活中，我们往往做出一些自以为理所应当的行为，却可能侵犯了他人的权利。回想一下，你曾经有过这样的行为吗？列举一下：

____

____

____

____

成长目标

曾经不经意间的侵权行为已经成为过去，现在我已经学习了相关的法律知识，从现在起，我一定会：______________________________

____

____

____

教师寄语：______________________________

____

____

____

____

____

实践体验

同学们，青少年是祖国的未来，民族的希望。青少年法律素质的高低，在一定程度上决定了未来社会的稳定程度。正处在生理和心理的生长发育阶段的中职生，可塑性很强，从小培养法律意识，进行普法教育，能促使他们养成依法办事、遵纪守法的良好习惯。你对法律知识了解得多吗？测一测吧！

1. 国家、社会、学校和家庭应当教育和帮助未成年人运用（　　）手段，维护自己的合法权益。

A. 武力　　　　B. 法律

2. 父母或者其他监护人应当依法履行对未成年人的监护职责和（　　）义务，不得虐待、

遗弃未成年人；不得歧视女性未成年人或者有残疾的未成年人。

A. 赡养　　B. 抚养

3. (　　) 不得披露未成年人的个人隐私。

A. 任何组织和个人　　B. 学校

4. 在我国，国家的一切权利属于 (　　)。

A. 人民　　B. 全国人民代表大会　　C. 中国共产党

5. 国际消费者组织规定“世界消费者权益保护日”是每年的 (　　)。

A. 3 月 5 日　　B. 3 月 12 日　　C. 3 月 15 日

6.《中华人民共和国预防未成年人犯罪法》规定，未成年人的父母或其他监护人，不得让未满 (　　) 的未成年人脱离监护独自居住。

A. 十四周岁　　B. 十八周岁　　C. 十六周岁

7. 根据《民法通则》的规定，不满 10 周岁的公民是 (　　)，由他的法定代理人代理民事活动。

A. 完全民事行为能力人　　B. 限制民事行为能力人

C. 无民事行为能力人

8. 中小学生旷课的，学校应当及时与其父母或者其他 (　　) 取得联系。

A. 监护人　　B. 保护人　　C. 负责人

9. 我国《预防未成年人犯罪法》规定，任何经营场所不得向未成年人出售 (　　)。

A. 食品　　B. 烟酒　　C. 生活用品

10. 父母为了了解子女的思想状况，私自查看子女的日记。这种做法从法律上看，(　　)。

A. 侵犯了子女的隐私权利　　B. 侵犯了子女的荣誉权

C. 侵犯了子女的名誉权

11. 李某身患残疾，赵某就拿他的生理缺陷开玩笑，并给他起绰号，赵某的行为侵犯了李某的 (　　)。

A. 隐私权利　　B. 荣誉权　　C. 人格尊严

12. 未满 (　　) 周岁的儿童不准骑车上路。

A. 10　　B. 12　　C. 14

13. 我国《未成年人保护法》所称的未成年人是指未满 (　　) 的公民。

A. 十四周岁　　B. 十八周岁　　C. 十六周岁

14. 我国《预防未成年人犯罪法》规定，(　　) 属于未成年人不良行为。

A. 旷课、夜不归宿　　B. 强行向他人索要财物　　C. 偷窃、故意毁坏财物

15. 营业性的歌舞厅以及其他未成年人不适宜进入的场所，应当设置（　　）标志，不得允许未成年人进入。

A. 未成年人禁止进入　B. 禁止进入　C. 明显的未成年人禁止进入

（1）通过回答以上的问题，给自己一个正确的评价：____________________

____

____

____

（2）请同学们课下对学校的法制副校长进行一次采访活动，进一步了解保护少年儿童权益的法律法规。

我们采访的过程是：____________________

____

____

通过采访，我的感受是：____________________

____

____

素质评价

通过法律知识的学习，完成关于提升法律意识的自评与他评表。

行为目标	自评			家长评			老师评		
	O	S	L	O	S	L	O	S	L
1. 增强依法处理民事关系的意识：了解民法调整的法律关系，理解民法的基本原则，明确民事主体的资格									
2. 懂得承担法律责任：了解《民法通则》有关保护人身权、财产权的规定，维护和尊重他人的人身权、财产权									
3. 理解履行合同的原则：了解合同订立的程序，学会辨别合同是否有效									
4. 承担对家人的责任：了解我国《婚姻法》规定的结婚法定条件和程序，理解自己在家庭中的权利和义务									

填写说明：（1）O、S、L 分别是 On（很好）、Short（良好）、Long（稍差）的缩写，是品德养成结果主观测评的一种简便标记符号。（2）总分=O 的个数×3+S 的个数×2+L 的个数×1。

规划未来

同学们，十年树木，百年树人。知法守法，与法同行，是青少年健康成长的必经之路。让我们行动起来，从自己做起，从身边小事做起，自觉做到知法、懂法、守法、护法，为推进我国依法治国方略的实现做出自己应有的贡献。今后，我努力的方向是：____

____

____

____

____

____

____

____

____

____

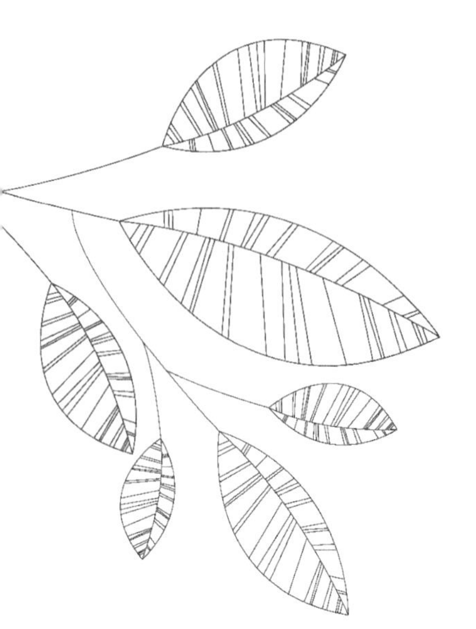

第12课

依法进行生产经营

Chapter 12

感悟求职不易，懂得就业过程中劳动合同的重要，了解劳动者应该享有的权利和需要履行的义务。通过本课的学习，主要让同学们了解创建企业需具备的条件，设立企业要遵循的程序，要公平竞争、合法经营，保证产品的质量，关注环境问题，学会保护环境，从我做起。

求职处处有陷阱

中等职业学校担负着培养中等技术人才和为社会经济发展提供大量技术工人的重任。近年来，随着我国经济的快速发展，各行各业急需大批应用型人才，国家也非常重视发展职业教育，并采取了各种切实可行的措施，使职业教育的发展具备了相当的规模。但从学生的就业情况来看，职业学校的学生就业存在着就业难和高就业率的矛盾。通过对中职学生就业情况的调查分析，能帮助学生科学规划职业生涯，对实现专业对口就业和提高职业教育水平具有重要的现实意义。《2011 年全国职业院校学生就业质量报告》调查显示，职业院校毕业生就业率呈现逐年上升趋势，中职就业率连续三年一直保持在 95%左右。统计数据显示，毕业生的去向有 3 个方面：一是到企事业单位就业；二是合法从事个体经营；三是升入各类高一级学校。

在我们的现实生活中，也存在着这样的求职历险记。

小婕幻想着自己能获得一份不错的工作，但在求职过程中，却遭遇和上演了惊心动魄的一幕。

2010年7月18日，一个宾馆的大堂内，两个鬼鬼祟祟的男子引起了工作人员的注意。他们既不住宿又不就餐，一个多小时后直奔楼上的307房间，一个劲地敲门。保安上前劝阻，两名男子却执意如此，在前台服务员到来之后说如果不打开门就破门而入，因为其中一位男子的老婆就在里面。服务员解释说307房间只有一名中年男子入住，不可能有女性。

正在大家僵持不下的时候，房门被一位着装时尚的20多岁的女孩打开，两名男子冲进房门，随即房门被关上，里面传出一阵混乱的响声。为了避免发生问题，服务员立即报警。

307 房客名叫李月，是一家模特公司的经纪人，在招聘平面模特的过程中认识了这名名叫小婕的女孩，签合同时女孩主动提出要到他的房间去签约。可谁知不久就听到外面的敲门声及吵闹声，他打电话求助服务员，不想女孩乘机打开房门，两名男子进入之后一顿拳打脚踢，并逼李月写下银行卡密码。

女孩交代，签约之际李月说要先有娱乐圈的潜规则，害怕之际她不得不与两位网友约定，一旦感觉有事，就叫他们上去。进入房间后，乘李月洗澡之际，她发信息给两名男子，于是就有了开头的一幕。

然而，就在所有人都觉得自己是受害人的时候，不成想这一切原来都是一个叫王洁的女人在操纵，李月和小婕他们都是受骗者，可是由于法律的无知，小婕一伙因为抢劫未遂而被拘留。

面对牢狱之灾，小婕懊悔不已。

思考导航

看完情景剧场“求职处处有陷阱后”后，你是否有很多要说的话？请结合你的内心感受，回答下列问题。

1. 小婕求职遭遇陷阱的原因是什么？

____

____

____

____

____

____

2. 在你的身边有没有听到或看到求职上当的情况？面对这些情况，你应该如何去解决？

3. 什么是劳动合同？

4. 作为中职生，如何用实际行动提升自己的专业技能，在以后的求职过程中找到自己的一席之地？

评论交流

请认真阅读案例，并结合实际谈谈你的认识或得到的教育启示，发表自己的评论。

案例一　青岛大三学生开公司雇 40 人，立志要超过阿里巴巴

聂名勇来自临沂苍山的一个普通农民家庭，2004 年考入青岛理工大学，这是他改变自己人生的第一个台阶。作为一个从来没有出过远门的农村孩子，大学生活给聂名勇打开了

一个新的境界。家教、发传单、促销……可以说，大学生能够做的工作，聂名勇都做过了，不光是为了勤工俭学，更是为了适应这个城市。就是这样一个朴实的农村娃，在大学三年级就成为了一家公司的总经理，一切都要从一个点子说起。“当时我干过很多工作，其中有一份工作是在台东一家商店里收银，正是那一段工作经历让我有了创业的念头。”聂名勇说，有一次他收钱的时候，交钱的女孩打开钱包，里面居然有七八张打折卡，跟这个女孩攀谈时聂名勇发现，这些打折卡有美发店的、快餐店的，还有影院咖啡吧的。“拿着这么多卡不方便吧？”聂名勇开始留意打折卡，经过了一段时间的观察，聂名勇感觉当时方兴未艾的打折卡有利可图。“我发现很多人都有很多张打折卡，不但携带起来不方便，就是使用起来也是卡多不好管理。”能不能建立一个平台，帮助商家和消费者来整合打折卡资源呢？这个想法开始萦绕在聂名勇脑海中。尽管想法并不是非常成熟，前途还是一片渺茫，但他坚信，这个点子行得通。于是，2007 年，也就是上大学三年级的时候，聂名勇的公司成立了。

“创业”，这两个字说起来简单，但对于聂名勇这样一个普通的农村孩子来说，其中包含着辛酸和苦闷。“当时我们公司起名叫新领域，因为我们是从事一个全新的工作，以前从来没有出现过的行当，这的确是一个新领域。”聂名勇说，创业之初的艰辛并没有让他感到沮丧，“我从来不会轻言放弃的。”主要的困难就在于难以拓展业务。因为是一个新的行当，光是给商家介绍自己，就要费一番口舌，更别提说服商家加盟自己的通用卡平台了。但这些没有让这帮血气方刚的大学生放弃，他们将十二分的精力投入到了这份事业当中。“后来我们放弃了一些好高骛远的想法，开始关注我们身边的一些小店。”聂名勇说，经过了一段时间的尝试之后，他发现自己的想法还很难被一些名店大店接受，他就开始回归校园，从自己身边的复印店、小吃店、洗衣店做起，一家一家地谈合作。“当时我们也想了很多开拓业务的点子，比如说先是作为顾客到人家店里吃饭，然后问老板可不可以用通用卡享受打折。用这种生活化的方式，我们逐渐让校园附近的小店开始接受打折卡了。”聂名勇说，当时他们几个人用了几个月的时间，终于在校园周边成立了一个小规模的商家联盟，虽然只有二十多家店加盟，而且规模都不大，但这让聂名勇挖到了人生的第一桶金！到 2008 年的时候，聂名勇公司的纯利润已达到 10 万元。聂名勇说，他当时把推广的主要目标，锁定在 35 岁以下商场主管，因为年轻人更容易接受他的消费理念，而这个策略很快见效了。台东一家 KTV 的经理，在聂名勇登门拜访、电话沟通多次之后，接受了他的消费理念，也让他有了继续做下去的信心。聂名勇终于依托台东商圈和中山路商圈，逐渐建立起了自己的通用卡平台。“当时我用半年时间，发展了一百多家加盟客户，也让公司走上了正轨。”

2010 年 12 月 1 日，中国校友会网和《21 世纪人才报》最新发布“2010 中国大学生创业富豪榜”，聂名勇名列其中，以“2010 年财富 300 万元”被评为 2010 中国大学生创业富豪榜百强，名列第 90 位。目前，聂名勇的公司员工已达到 40 多人，仅青岛本部的营销人员就有 20 多人。他已经在深圳、大连、威海、西安等城市建立了公司办事处，全国范围的加盟商家就有 3000 多家，但他感觉这并不是自己事业的终点。现在，聂名勇已经开始着眼电子商务，他不敢放言赶超马云，但至少他已经能够看到马云的身影了，“也许，第二个阿里巴巴就在我的手中诞生！”

1. 读完案例一请思考：聂名勇的经历带给你哪些感受？

____

____

____

____

____

____

____

2. 毕业后，你有创业的打算吗？如果要创业，如何依法设立企业？

____

____

____

____

____

____

____

____

____

3. 如何保证自己企业的产品质量，做到公平竞争、合法经营？

____

____

____

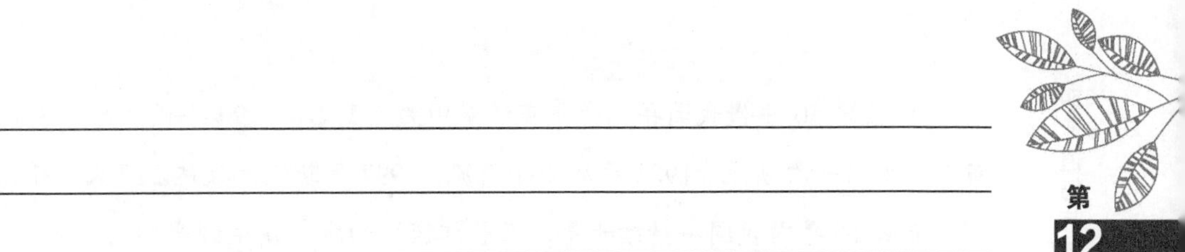

案例二　中国的环境问题

1. 大气污染问题

2000 年我国二氧化硫排放量为 1995 万吨，居世界第一位。据专家测算，要满足全国天气的环境容量要求，二氧化硫排放量要在现有基础上至少削减 40%。此外，2000 年中国烟尘排放量为 1165 万吨，工业粉尘的排放量为 1092 万吨。大气污染是中国目前第一大环境问题。

2. 水环境污染问题

中国七大水系的污染程度依次是：辽河、海河、淮河、黄河、松花江、珠江、长江，其中 42%的水质超过 3 类标准（不能做饮用水源），全国有 36%的城市河段为劣 5 类水质，丧失使用功能。大型淡水湖泊（水库）和城市湖泊水质普遍较差，75%以上的湖泊富营养化加剧，主要由氮、磷污染引起。

3. 垃圾处理问题

全国工业固体废物年产生量达 8.2 亿吨，综合利用率约 46%。全国城市生活垃圾年产生量为 1.4 亿吨，达到无害化处理要求的不到 10%。塑料包装物和农膜导致的白色污染已蔓延全国各地。

4. 土地荒漠化和沙灾问题

目前，我国国土上的荒漠化土地已占国土陆地总面积的 27.3%，而且，荒漠化面积还以每年 2460 平方公里的速度增长。中国每年遭受的强沙尘暴天气由 20 世纪 50 年代的 5 次增加到了 20 世纪 90 年代的 23 次。土地沙化造成了内蒙古自治区一些地区的居民被迫迁移他乡。

5. 水土流失问题

全国每年流失的土壤总量达 50 多亿吨，每年流失的土壤养分为 4000 万吨标准化肥（相当于全国一年的化肥使用量）。自 1949 年以来，水土流失毁掉的耕地总量达 4000 万亩，这对我国的农业是极大损失。

6. 旱灾和水灾问题

20世纪50年代我国年均受旱灾的农田为1.2亿亩，90年代上升为3.8亿亩。1972年黄河发生第一次断流，1985年后年年断流，1997年断流天数达227天。有关专家经调查推测：未来15年内我国将持续干旱。而长江流域的水灾发生频率却明显增加，500多年来，长江流域共发生的大洪水为53次，但近50年来，每三年就出现一次大涝，1998年的大洪水造成了巨大的经济损失。

7. 生物多样性破坏问题

我国是生物多样性破坏较严重的国家，高等植物中濒危或接近濒危的物种达4000～5000种，约占我国拥有的物种总数的15%～20%，高于世界10%～15%的平均水平。在联合国《国际濒危物种贸易公约》列出的640种世界濒危物种中，中国有156种，约占总数的1/4。我国滥捕乱杀野生动物和大量捕食野生动物的现象仍然十分严重，屡禁不止。

1. 读完案例二后，请用自己的话来描述一下我们今天所处的环境。

____

2. 面对环境的日益恶化，我们应该寻求什么样的对策？

____

自我反思

俗话说："有志者，事竟成。""机遇总是青睐那些有准备的头脑。"作为未来社会的劳动者，现在你做好从业准备了吗？你是否沉下心来反思过自己的行为是否符合从业要求？请完成以下内容。

曾经的我在公平竞争和保护环境方面做得（好或者不太好），具体表现在：________

成长目标

为了提升自身的竞争砝码，从现在起，我还要在以下几个方面努力：________

教师寄语：______

实践体验

请同学们课下积极参加实践活动，在实践中体验真知，并把活动的照片保留下来，及时传到职业道德与法律网站，以便同学们相互学习、交流。

1. 亲自参加一次招聘会，记录招聘现场带给自己的感受。______

2. 参观家乡的一所企业，了解企业的主打产品及运营情况。______

3. 这家企业有没有破坏环境的行为。如果有，请如实记录危害的情况；如果没有，请说明该企业又是如何做到保护环境的。

素质评价

通过法律知识的学习，完成关于依法进行生产活动的自评与他评表。

行为目标	自评			家长评			老师评		
	O	S	L	O	S	L	O	S	L
1．是否有明确的未来目标									
2. 在日常生活中，是否多方面了解劳动就业的相关情况									
3．劳动维权走正道，你都了解吗									
4．日常行为中，你有没有破坏环境的行为									
5．如果身边有人破坏环境，你会立即制止，并告诉他破坏环境的危害									
6．通过本课内容的学习，反省自身，在思想上和行动上都有什么收获									
总分									

填写说明：O、S、L 分别是 On（很好）、Short（良好）、Long（稍差）的缩写，是品德养成结果主观测评的一种简便标记符号。总分=O 的个数×3+S 的个数×2+L 的个数×1。

规划未来

通过自我反思，并了解了家长的看法、知道老师的评价后，我今后的努力方向是：________________________________

____

____

____

____

____

____

____

____

____